U0729591

军用软件保障

张威 李明亮 马振宇 等著

国防工业出版社
·北京·

内 容 简 介

本书系统地介绍了军用软件保障的基本概念、基本理论和常用方法,总结了实施军用软件保障的各个环节及关键技术,以期促进我军软件保障能力的提升。全书共分 10 章,分别阐述了软件保障的概念、软件保障性分析、软件保障方案、软件保障资源、软件保障性评估、软件保障费用估算、软件日常维护方法、软件缺陷分析与预测以及常用软件测试类型与测试方法,并给出了部分实例分析。

本书适合于从事军用软件保障、软件工程、软件测试的工程技术人员阅读,可作为相关专业的本科生和研究生教材,也可供从事软件开发的工程技术人员参考。

图书在版编目(CIP)数据

军用软件保障/张威等著 .—北京:国防工业出版社,2017.2
ISBN 978-7-118-11147-7

Ⅰ.①军… Ⅱ.①张… Ⅲ.①军用计算机 – 软件工程
Ⅳ.①E919

中国版本图书馆 CIP 数据核字(2017)第 000905 号

※

*国防工业出版社*出版发行

(北京市海淀区紫竹院南路 23 号 邮政编码 100048)
三河市众誉天成印务有限公司印刷
新华书店经售

*

开本 710×1000 1/16 印张 9¾ 字数 185 千字
2017 年 2 月第 1 版第 1 次印刷 印数 1—2000 册 定价 58.00 元

(本书如有印装错误,我社负责调换)

国防书店:(010)88540777　　　　　发行邮购:(010)88540776
发行传真:(010)88540755　　　　　发行业务:(010)88540717

前　言

我军信息化建设近年来取得长足进展,而且发展速度正在日益加快,各类军事信息系统和软件密集型装备大量装备部队,有效地提高了装备的信息化水平和战斗力。与此同时,软件的作用越来越突出,功能越来越强,应用范围日趋广泛,同时也越来越复杂,出现的问题也越来越多,导致软件保障不及时,保障费用持续增长,严重制约了军事信息系统和软件密集型装备战斗力的发挥。目前,许多军用软件使用单位在软件出现问题时,都是联系研制单位进行保障,这种方式一方面严重滞后;另一方面也不适用于战时保障。因此本书旨在探讨军用软件保障的一般规律,研究与之相关的理论与方法,以期提高软件的保障能力和战备完好性水平。

全书共分 10 章。第 1 章介绍了软件保障的发展现状、基本概念、原则与保障机构。第 2 章介绍了软件保障性分析的概念、任务与特点、影响软件保障性的因素、软件生命周期各阶段的保障性分析以及常用的软件保障性分析技术。第 3 章探讨了软件保障方案的内容、制定流程及优化方法。第 4 章阐述了软件保障资源的确定与评估方法。第 5 章给出了软件保障性评估模型、基于静态分析的软件可维护性评估方法以及软件保障生命周期评估方法。第 6 章建立了部署后软件保障模型,并给出了软件运行保障费用估算方法和软件维护保障费用估算方法。第 7 章讨论了软件日常维护方法,包括人员培训、安装、卸载与恢复以及软件运行问题处理。该章虽然简单,但旨在强调软件日常维护的重要性,因为软件不会用坏,也不能实时更改,即使存在问题也要有能力保证其正常运行。第 8 章、第 9 章对软件缺陷进行了分析,提出了一种软件缺陷密度预测方法,并给出了实例分析。第 10 章介绍了常用软件测试类型与测试方法,软件测试是提高软件质量和软件保障性的关键技术之一,内容非常丰富,本章只介绍了部分测试类型的要求与测试方法,仅供读者参考。

　　本书以张威、李明亮和马振宇为主撰写,参与撰写和编辑工作的还有卢庆龄、万琳、毕学军、石志强、何新华、金丽亚、刘娟、肖庆、杨朝红、赵萌等,全书由张威教授统稿。在本书的撰写过程中,得到上级领导、机关和专家学者的大力支持与帮助,在此表示衷心的感谢!

　　限于作者的水平,书中错误和不当之处在所难免,恳请该领域的专家和读者不吝赐教,以便于我们不断提高和完善。

张威

2016 年 11 月于北京

目　　录

第1章　绪论 ……………………………………………………………… 1

　1.1　概述 ………………………………………………………………… 1

　1.2　软件保障的发展与现状 …………………………………………… 2

　　1.2.1　美军软件保障的发展与现状 ………………………………… 2

　　1.2.2　台军软件保障的发展与现状 ………………………………… 4

　　1.2.3　我军软件保障的发展与现状 ………………………………… 4

　1.3　软件保障的基本概念 ……………………………………………… 5

　　1.3.1　软件保障的定义 ……………………………………………… 5

　　1.3.2　软件保障的相关概念 ………………………………………… 6

　1.4　软件保障的原则 …………………………………………………… 10

　1.5　软件保障机构 ……………………………………………………… 11

第2章　软件保障性分析 ………………………………………………… 12

　2.1　软件保障性的定义 ………………………………………………… 12

　2.2　软件保障性分析的概念 …………………………………………… 12

　2.3　软件保障性分析的任务与特点 …………………………………… 13

　2.4　影响软件保障性的因素 …………………………………………… 15

　2.5　软件生命周期各阶段的保障性分析 ……………………………… 16

　2.6　软件保障性分析技术 ……………………………………………… 17

　　2.6.1　软件测试技术 ………………………………………………… 17

　　2.6.2　软件失效模式、影响及危害性分析 ………………………… 18

　　2.6.3　软件成本估算技术 …………………………………………… 18

　　2.6.4　软件缺陷预测技术 …………………………………………… 18

第3章　软件保障方案 …………………………………………………… 20

　3.1　软件保障方案内容 ………………………………………………… 20

　3.2　软件保障方案制定流程 …………………………………………… 21

　3.3　软件保障方案优化 ………………………………………………… 23

　　3.3.1　权衡分析流程 ………………………………………………… 23

　　3.3.2　实例分析 ……………………………………………………… 28

第4章　软件保障资源 ································ 31

4.1　软件保障资源概述 ····························· 31

4.2　确定软件保障资源 ····························· 33

4.3　基于 AHP – FCE 的软件保障资源评估 ·········· 37

4.3.1　基于 AHP 的评估指标体系构建 ·········· 37

4.3.2　基于 FCE 的评估模型 ················· 40

4.3.3　软件保障资源评估实例分析 ············· 42

第5章　软件保障性评估 ························· 46

5.1　软件保障性评估模型 ····················· 46

5.2　基于静态分析的软件可维护性评估 ············· 47

5.2.1　评估指标体系构建 ················· 47

5.2.2　评估模型 ······················· 49

5.2.3　软件可维护性评估实例分析 ············· 50

5.3　软件保障生命周期评估 ····················· 52

5.3.1　软件项目管理评估 ················· 52

5.3.2　软件配置管理评估 ················· 55

第6章　软件保障费用估算 ····················· 58

6.1　部署后软件保障模型 ····················· 58

6.2　基于 WBS 的软件运行保障费用估算 ·········· 59

6.3　基于 COCOMO Ⅱ 的软件维护保障费用估算 ····· 61

6.3.1　COCOMO Ⅱ 模型介绍 ·············· 61

6.3.2　COCOMO Ⅱ 的简化改进 ··········· 61

6.3.3　实例分析 ····················· 65

第7章　软件日常维护方法 ····················· 66

7.1　人员培训 ····························· 66

7.2　安装、卸载与恢复 ····················· 67

7.3　数据备份与恢复 ······················· 69

7.4　软件运行问题处理 ····················· 70

7.4.1　软件运行失效原因分析 ··············· 70

7.4.2　软件运行问题处理关键技术 ············· 72

7.4.3　软件运行失效的处置 ··············· 73

第8章　软件缺陷分析与预测 ··················· 74

8.1　软件缺陷概述 ························· 74

8.2　软件缺陷的种类 ······················· 75

8.3　软件缺陷数目估计 ····················· 78

8.4　基于支持向量回归的软件缺陷密度预测模型 ·················· 83

　　8.4.1　机器学习概述 ······················· 83

　　8.4.2　预测模型 ························· 84

　　8.4.3　模型参数优化方法 ···················· 86

　　8.4.4　模型评价指标 ······················ 89

第9章　软件缺陷密度预测实例 ······················ 91

9.1　数据采集 ··························· 91

　　9.1.1　度量元数据采集 ····················· 91

　　9.1.2　软件测试过程数据及缺陷数据采集 ·············· 93

9.2　基于度量元的软件缺陷密度预测 ················· 95

　　9.2.1　预测过程 ························ 95

　　9.2.2　预测算法的实现 ····················· 96

　　9.2.3　实验环境与数据 ····················· 97

　　9.2.4　实验结果误差分析 ···················· 101

　　9.2.5　实验结果相关性分析 ··················· 104

9.3　基于测试过程数据的软件缺陷密度预测 ·············· 108

　　9.3.1　预测过程 ······················· 108

　　9.3.2　预测算法实现 ····················· 109

　　9.3.3　实验环境与数据 ···················· 110

　　9.3.4　实验结果误差分析 ··················· 115

　　9.3.5　实验结果相关性分析 ················· 119

第10章　常用软件测试类型与测试方法 ················· 123

10.1　文档审查 ························· 123

　　10.1.1　文档审查的一般要求 ················· 123

　　10.1.2　常用文档的审查要求 ················· 124

10.2　代码审查 ························· 127

　　10.2.1　代码审查的一般要求 ················· 128

　　10.2.2　代码的规范性审查 ·················· 128

10.3　功能测试 ························· 129

　　10.3.1　等价类划分法 ···················· 129

　　10.3.2　边界值分析法 ···················· 130

　　10.3.3　错误推测法 ····················· 130

10.4　性能测试 ························· 130

　　10.4.1　计算的精确性 ···················· 131

　　10.4.2　响应时间 ······················ 131

    10.4.3　运行程序占用资源情况 ………………………… 131

10.5　接口测试 …………………………………………………… 132

    10.5.1　子系统间的接口测试 …………………………… 132

    10.5.2　外部接口测试 …………………………………… 132

    10.5.3　Web 接口测试 …………………………………… 132

10.6　人机交互界面测试 ………………………………………… 133

    10.6.1　人机交互界面测试的一般要求 ………………… 133

    10.6.2　人机交互界面元素测试 ………………………… 134

10.7　边界测试 …………………………………………………… 141

    10.7.1　边界值分析 ……………………………………… 141

    10.7.2　常见的边界值 …………………………………… 141

10.8　安装性测试 ………………………………………………… 142

    10.8.1　安装测试 ………………………………………… 142

    10.8.2　卸载测试 ………………………………………… 143

10.9　静态分析 …………………………………………………… 143

    10.9.1　静态结构分析 …………………………………… 143

    10.9.2　静态质量度量 …………………………………… 144

参考文献 ………………………………………………………… 145

第1章 绪 论

1.1 概 述

随着信息技术的迅速发展和在军事领域的广泛应用,传统的机械化战争模式正在发生深刻的变化,信息化战争已成为一种新的战争形态。为适应新军事变革的时代要求,打赢信息化战争,近年来,我军信息化建设速度日益加快,各类军事信息系统和软件密集型装备大量装备部队,表明软件在信息化战争中的地位和作用日益突出。现在军用软件的规模越来越大,功能越来越强,应用范围日趋广泛,同时也越来越复杂,出现的问题也越来越多。如何保证军用软件持续、有效地运行,是目前面临的主要问题之一。

军用软件能否安全、稳定地运行直接影响着军事信息系统和软件密集型装备作战效能的发挥。特别是在战场环境下,如果软件系统出现故障,会给信息化装备的战斗力带来严重后果,甚至造成不可挽回的损失。根据美国国防部和美国国家航空航天局(NASA)统计,当今武器系统中的软件可靠性比硬件系统低一个数量级,一般情况下,软件故障占系统故障的60% ~70%[1,2]。导致武器装备系统中软件故障频发的重要原因是,针对军用软件的保障研究与发展严重滞后于武器装备整体的发展。软件不同于硬件,在使用过程中没有磨损、没有消耗,但软件的运行环境及需求会经常变化,软件自身也有缺陷残留,这都需要对软件进行持续的保障。实际上,任何软件系统,无论它采用何种开发工具及开发方式,软件保障(Software Support)(一般情况下,软件保障概念只用于军事领域,因此,本书中的软件保障即指军用软件保障。)都是不可缺少的过程。软件保障不仅是信息化装备形成战斗力的关键所在,更对装备部署后战备完好性的保持起着重要作用。在软件漫长的使用过程中,需要消耗大量的人力和资源进行保障,如果软件的保障性差,那么会带来更大的费用负担。据统计,在典型软件系统生命周期费用的分配中,软件保障约占软件生命周期总费用的67%,而且这个比例将会越来越大[3-5]。

如何在软件列装后有效开展各项软件保障活动,已经成为当前装备保障中一个新的重要课题。加强对软件装备列装后保障活动的探索研究,不仅能为我军软件保障工作提供科学依据,而且对促进列装软件装备战斗力的形成和保持,也具有重要意义。

目前,国内关于软件保障的描述不够统一,范围也不尽相同,有些文献称为软件保障,有些文献称为软件密集型装备保障,还有将软件保障纳入传统的装备保障中。为避免混淆,本书中涉及的软件保障对象为军用软件系统,包括各类军事信息系统和软件密集型装备中的软件部分,也就是非嵌入式软件和嵌入式软件,不包括硬件装备的保障,硬件装备在软件保障活动中和计算机一样只作为软件运行环境的一部分。

1.2 软件保障的发展与现状

软件是现代信息化装备的灵魂,武器装备中的软件及其保障能力的高低已日益成为衡量武器系统最重要的性能指标之一,软件保障问题也已经成为装备保障的重点和难点。

1.2.1 美军软件保障的发展与现状

美军从 20 世纪 80 年代开始大规模研究军用软件保障问题。1984 年,美国空军运行测试与评估中心(AFOTEC)的 W. C. Mueller 在国际电子电气工程师协会(IEEE)软件维护年会上首次发表了以软件保障性为题的文章,此后在 1985 年、1987 年、1988 年三年中,该中心陆续有软件保障的相关文章在学术会议上发表,可以说该中心是软件保障研究的开拓机构[6]。

20 世纪 90 年代,美国陆续将软件保障的研究成果编入各种相关的标准和手册中。1990 年,美国国防部发布了 MIL – HDBK – 347《任务关键计算机资源保障手册》,对软件保障活动、保障需求等进行了详细描述;1991 年,美国国防部颁布的 DoD 5000.1《国防采办》,定义了软件可靠性、维修性、安全性、生存性等概念;1996 年,美国国防部条例 DoD 5000.2 – R《重大防务采购项目和重大自动化信息系统强制性程序》中对软件保障的内容进一步加以明确,包括设计、维护、管理等。

经过长期的理论研究和实践应用,美国空军运行测试与评估中心于 1994 年发布了 AFOTEC PAM 99 – 102 系列文档,包括:

《软件运行测试与评估管理指南》;

《软件生命周期评估指南》;

《软件可维护性评估指南》;

《软件可用性评估指南》;

《软件保障资源评估指南》;

《软件成熟度评估指南》;

《软件可靠性评估指南》;

《软件使用性评估指南》。

在上述文档中,美军详细描述了软件保障性评估中包含的所有内容,提出了软件保障性相应的评估策略以及评估方法。

美国空军是使用带有可选项的结构化问卷来评估软件保障过程,其方案是从管理的角度来评估软件的保障性,包括软件采购、开发和使用保障活动,之后与软件产品可维护性及保障资源进行综合,针对各种可能在一定程度上影响软件保障性的因素和特性设计问题,为其赋值,最后评估得分。如在《软件可维护性评估指南》(AFOTEC PAM 99 – 102 Volume 3)中,共设计了 172 个问题,如图 1–1 所示。

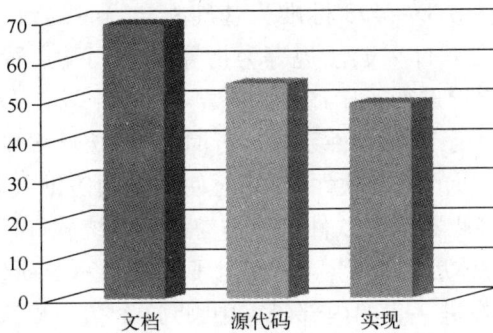

图 1–1 美军软件可维护性评估问题

设计的问题用来确认在软件产品中是否有相应的属性,图 1–2 描述了美军软件可维护性评估属性。

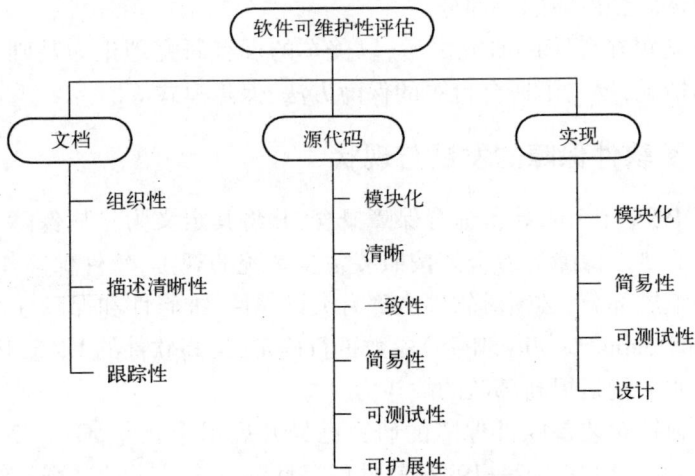

图 1–2 美军软件可维护性评估属性

通过分析可以看出,美军的 99 - 102 系列文档是一部比较全面的评价方案,但是按照该文档进行评估,需要大量资源作为支撑,评估过程涉及人员众多,包括需要访谈的人员以及实施评估的人员,评估问题数量多、耗费时间长,而且需要一个相应的权力机构来组织实施。我军现阶段无法为软件的保障性评估提供如此大量的资源,也没有一个相应的权力机构来负责软件保障性评估,因此该方法并不适合于我军目前的软件保障工作。

1.2.2 台军软件保障的发展与现状

台军在软件保障方面的研究开始于 20 世纪 90 年代,1996 年,我国台湾"国防部"以美军的 MIL - STD - 498 标准为基础配合当时的台军武器系统研制政策规定,再以台军军用软件采购法规等为指导,发布了《台军软件发展规范(草案)》,对软件采购、维护进行了阐述[7]。在草案中,台军定义软件保障为一系列工作项目总和,包括为了确保软件系统运行时,能够按照要求持续地工作,并且符合其角色要求所进行的一套软件维护、对使用者的协助及其他相关工作。文献[8]采用该定义,将武器系统软件保障作为武器系统软件后勤保障,结合台军当时的软件开发与整体后勤规范[9,10],探讨了可供台军及研发单位参考运用的软件保障方向,并曾在进一步的内部研究中,将这个初步想法落实,提出了相对应的武器系统软件保障模式。2002 年、2004 年这两年,台军对软件发展规范草案进行了大规模的修改,提出了将软件保障生命周期分为 8 个过程:文档管理、组织管理、质量保证、审查、确认、联合审查、复核及问题解决。2007 年,台湾中山科学院系统维护中心发布了《专案计划软件后勤保障作业规定》,正式将软件保障视为整体后勤保障的一部分。

台军紧紧跟在美军的研究之后,以美军的现有研究理论为基础,结合台军自己的实际情况,提出了适合台军的保障方法、保障模式等。

1.2.3 我军软件保障的发展与现状

我军于 1998 年引入装备综合保障概念,并将其定义为作战保障、技术保障及后勤保障等诸多保障的综合。按照装备全系统的观点,软件保障作为装备保障中的重要组成部分,必须对软件全部有关可靠性、维修性和保障性(Reliability Maintainability Supportability, RMS)参数进行确定,提高软件的 RMS,其所产生的综合效应实质上就是提高部队的战斗力。

国内单独针对装备软件保障的研究已经开展了十余年,GJB 1267—91《军用软件维护》和 GJB/Z 102—1997《软件可靠性和安全性设计准则》等相应的标准也已出台。

军械工程学院的甘茂治教授、朱小东教授[11-16]很早就开展了军用软件保障性的定义、保障要素、保障性分析等研究,给出了软件保障概念的定义,分析了军用软件保障若干关键技术问题,对我军软件保障现状提出了众多建设性的意见。卢兴华教授[17]分析了软件保障费用的基本构成和一般表达式,构建了基于类比估算的软件新功能保障费用估算模型。

装甲兵工程学院的杜家兴博士在分析软件保障与硬件保障区别的基础上,对软件保障过程进行了 Petri 网建模分析,研究了军用软件保障的关键过程,然后以美军的软件保障评价体系结构为基础,提出了以问卷调查为主要方式的软件保障性评估方法[18]。

我军在军用软件保障研究方面已经取得了一定的成就,但由于起步较晚,与国外相比还有一定差距,主要体现在:

(1)在软件保障性分析方面,国内现阶段对软件保障性分析的具体内容研究不足,大部分是对软件保障的概念、模型及影响因素进行研究,针对保障方案的制定流程与权衡方法,保障费用的估算方法等研究较少。

(2)在软件保障性评估方面,对于具体评估方法的研究较少。有些文献采用的是对调查数据进行简单的线性加权得出保障性的定量评估结果,方法过于简单,无法降低问卷调查过程中专家的主观性和不确定性影响。

1.3 软件保障的基本概念

1.3.1 软件保障的定义

软件保障的概念最早由美国提出,不同的部门对软件保障的定义也有所不同,主要的有:

(1)美国汽车工程师协会(SAE)软件标准中对软件保障的定义:为保证使用的软件系统或部件满足它的初始要求和对这些要求的后续改进所必需的一系列活动,包括在软件整个使用生命周期中提供保障的全部过程、资源和基础设施[19]。

(2)美国空军对软件保障的定义:为确保部署后的软件(或系统)在生产和部署期内持续地维持其初始作战职能及后续职能所展开的修改及改进的一切活动[20,21]。

(3)美军《防御系统软件开发标准(DOD‑STD‑2167)》对软件保障的定义:确保运行和部署的软件持续充分完成其任务的所有活动的总和[22]。

我国在一系列国家军用标准中对软件保障也给出了明确的定义,主要包括:

(1)(GJB/Z 115—1998)《武器系统软件开发指南》[23]中将软件保障定义

为,软件保障是指承制方要保障软件正常运行多长时间,软件运行一段时间后是否希望进行更改,由谁来进行这些更改等。剪裁时需要考虑的因素有:

① 谁负责软件保障;

② 软件开发承制方是否提供培训;

③ 软件开发承制方是否计划进行责任转移;

④ 其他。

(2)(GJB 451A—2005)《可靠性维修性保障性术语》[24]中将软件保障定义为,为保证投入使用的软件能持续完全地保障产品执行任务所进行的全部活动。

(3)(GJB 2786A—2009)《军用软件开发通用要求》[25]中将软件保障定义为,为确保软件安装后能继续按既定要求运行而且在系统的运行中能起既定作用而发生的一系列活动。软件保障包括软件维护、用户支持和有关的活动。

从上述定义可以看出,软件保障的核心是保证软件持续有效运行所进行的一系列活动。要实施软件保障,关键是要解决两个问题:

(1)谁负责软件保障。在软件部署之前就需要确定软件保障的主体,是开发商还是专门的保障机构?

(2)如何进行软件保障。软件不同于硬件,硬件出现问题必须及时进行维修才能恢复运行,而软件出现问题只影响局部功能的运行,其他大部分功能是能够正常运行的,因此软件保障不是实时展开的,要根据问题的严重程度及数量进行综合考虑。

根据美军(MIL - HDBK - 347)《软件保障手册》[26],软件保障分为部署前软件保障(Pre - deployment Software Support)和部署后软件保障(Post - deployment Software Support,PDSS)。部署后软件保障是软件保障主体,主要是因为软件投入使用之后,常常需要增强软件功能,或者为适应环境而更改软件,需要对软件进行再设计,这种工作量占据了软件保障工作的绝大部分。

1.3.2 软件保障的相关概念

1. 部署前软件保障

美军(MIL - HDBK - 347)《软件保障手册》[26]将部署前软件保障定义为,软件部署和运行之前发生的软件保障活动。

部署前软件保障活动主要包括:

(1)部署后软件保障规划;

(2)确定部署后软件保障采办需求;

(3)确保软件保障性;

(4)确认软件质量;

（5）制定和实施交付计划。

部署前软件保障是那些发生在软件部署和初始投入现场使用之前的软件保障活动,该阶段的主要任务包括:

（1）确定软件保障方案。软件保障方案应在软件开发的早期确定。软件保障方案是对软件保障的总体初步构想,主要规定软件保障的范围(完全保障、纠错性保障、有限纠错性保障、有限软件配置管理等)、评估和确定软件保障主体(软件开发人员或专门的软件保障机构等)、剪裁软件交付后的保障过程、估算软件保障生命周期费用等。

（2）制定软件保障计划。确定了软件保障方案后则应着手制定软件保障计划。对于军用软件,软件保障计划是其计算机资源全寿命管理规划的一部分。制定软件保障计划考虑的主要因素包括保障的目的和目标、保障主体的职责和任务分工、可用的保障资源、保障环境和保障方式、保障活动的时间和地点等。

（3）确定软件保障资源。软件保障资源主要指保障所需的人力资源。保障人力资源是影响保障费用的主要因素,保障人员数量的确定有许多模型,其中包括参数模型、经验模型以及目前广泛使用的是构造性成本模型(COCOMO)。

（4）确定软件保障环境。软件保障环境包括软件保障的硬件环境与软件环境。软件工程中所能采用的计算机辅助软件工程环境工具箱一般应列入软件保障环境中,可以采用综合保障工程中的综合保障分析(LSA)方法来确定。

2. 移交保障

作为软件过程的重要阶段,软件移交阶段的重要目标是让保障机构获得必要的资源、资料、知识,以成功实施经过审核的移交后软件保障,实现软件按型号装备部队。在软件移交阶段,与软件保障有关的工作包括:

（1）保障机构要认真核查、验收各种软件资料、文档、代码,确认软件已经满足部队需要。

（2）完成保障人力资源的准备,如果需要,尽快实现软件开发人员从软件开发者到保障人员的转变。

（3）测试和验证软件产品的可运行性、系统兼容性和环境适应性。

（4）编制文档制品,包括软件用户手册、培训手册、支持文档和操作手册等。

（5）培训软件用户和操作人员,保证软件使用人员明白如何使用软件系统及如何寻求帮助。

3. 部署后软件保障

美军(MIL – HDBK – 347)《软件保障手册》将部署后软件保障(PDSS)定义为,交付过程的初始部署和运行保障阶段以及全套产品使用期间发生的软件保障活动。

从该定义可以看出,部署后的软件保障包括交付过程中的保障和交付后使用期间的保障。

部署后软件保障过程可以划分为初始分析阶段、软件(配置项)开发阶段、系统集成和测试阶段、产品后勤阶段以及保障实施和维护阶段。

软件在部署装备部队并投入使用后,会由于某种原因(如软件本身缺陷、使用环境改变、任务要求变更等)需要更改或升级。软件保障机构在软件部署后的保障任务主要是实现软件的更改或升级,保证调整后的软件尽快恢复或提高作战能力,迅速返送战场。

美军将 PDSS 分为四个阶段:初始分析、软件(配置项)开发、系统集成和测试以及产品后勤,如图 1-3 所示。

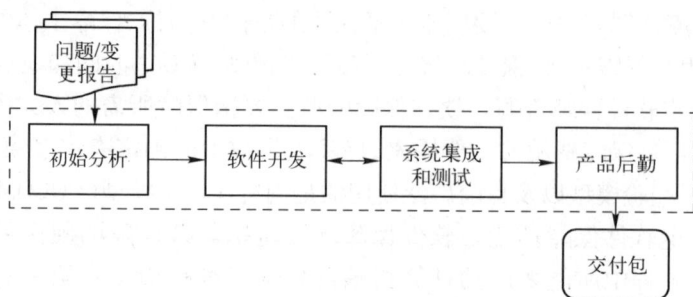

图 1-3　美军 PDSS 过程

(1)初始分析。其目标是实现变更决策。对问题/变更报告的分析要从管理、技术和保障影响等方面进行,涉及变更的分类、影响、费用、风险等,最终决定是否进行变更。

(2)软件(配置项)开发。该阶段根据初始分析阶段确定的问题变更报告,对软件进行纠错和增强。本阶段的输出为新的软件测试版本和更新后的文档。

(3)系统集成和测试。该阶段是 PDSS 的重要阶段,测试通过才能够予以发布,否则不能发布。

(4)产品后勤。该阶段是 PDSS 的最后一个阶段,其主要活动包括产品推广应用、安装、用户培训。

美军的 PDSS 将问题/变更报告作为输入,将变更后的交付包作为输出,基本上是按照软件工程的原则对软件进行再工程的过程。但该过程模型对问题/变更报告的产生、日常的维护没有进行详细的阐述,而这些环节对软件保障的实施和软件战斗力的发挥具有非常重要的影响。因此,我们结合我军软件开发和运行维护的现状,将 PDSS 分为部署运用、日常维护、问题/变更分析、软件开发、系统集成和测试五个阶段,如图 1-4 所示。

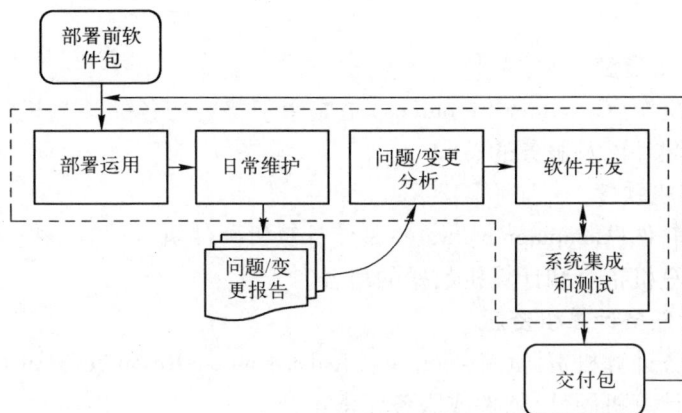

图 1-4 改进的 PDSS 过程

与美军相比,我们将产品后勤阶段拆分为部署运用和日常维护两个阶段,并置于部署后软件保障的前期,这样更符合我军的实际。各阶段的主要任务如下:

(1)部署运用。软件产品开发完成并进行了部署前的保障规划之后,在该阶段进行配发部署、安装运行和人员培训。

(2)日常维护。软件和硬件不同,硬件在使用过程中出现故障必须尽快排除,否则无法正常运行,而软件出现故障通常只是某个功能或子功能有问题,并不影响其他大多数功能的正常运转,如果立即修改,还可能引入新的问题,并对其他功能产生影响。因此,软件的日常维护并不修改软件,而是对软件的日常运行提供支持,保证其正常运转,对出现的问题,从安装、配置的角度来恢复,以使其发挥最大效能。

对实质性问题,包括计算错误、使用不便、环境的变化等,则产生问题/变更报告,按规定的时间节点提交软件保障机构进行后续分析。

(3)问题/变更分析。软件保障机构对日常维护阶段产生的问题报告和变更报告进行深入分析,确定哪些问题和变更需要修改软件,以及修改到什么程度。

(4)软件(配置项)开发。该阶段根据问题/变更分析阶段确定需要修改的问题报告和变更报告,对软件进行纠错和增强。本阶段虽然称为一个阶段,实际上是由软件工程各个阶段组成的,从需求的变更开始,然后修改概要设计和详细设计、最后进行编码和单元测试。本阶段的输出为新的软件测试版本和更新后的文档。

(5)系统集成和测试。对修改后的测试版本进行集成和测试,测试通过才能够产生新版本的交付包并予以发布,否则返回第(4)阶段重新修改软件,直到测试通过。

4. 计算机资源

计算机资源（Computer Resources）是应用于特定任务的计算机硬件、软件、人员、文档、附件以及服务的总和。

5. 计算机软件

计算机软件（Computer Software）是使计算机硬件执行计算或控制功能所必需的相关计算机指令和计算机数据的集合。

6. 关键任务计算机资源

关键任务计算机资源（Mission – critical Computer Resources，MCCR）指涉及以下方面的计算机硬件、软件或服务元素：

（1）智能活动；

（2）与国家安全相关的保密活动；

（3）军队的指挥和控制活动；

（4）构成武器或武器系统的设备；

（5）与执行军事任务相关的设备。

7. 软件维护

软件维护（software maintenance）通常用于描述 PDSS，但不推荐使用，该术语暗指类似硬件的失效行为，并且强调修理。在讨论软件时使用该术语可能引起混淆。首先，软件不会像硬件那样用坏，软件错误不依赖于使用时间。此外，PDSS 比"维护"的范围更为广泛，事实上，纠错只是 PDSS 很小的一部分。

1.4 软件保障的原则

软件保障是一个复杂的过程，涉及装备保障体制、保障模式和软件自身的发展规律，因此要有效实施软件保障，必须遵循一定的原则。

（1）软件保障活动贯穿于软件的全生命周期。在需求与设计阶段，它必须被预先规划，初步决定软件保障方案。同时在整个系统生命周期中，也必须预算并不断从事软件保障工作。

（2）软件是不断进化的，其全生命周期一般包括一个初始开发周期和一个或多个后续开发周期。

（3）只要有重要需求并且成本适当，就应对软件进行更新。

（4）软件保障活动要由专门的组织机构负责管理。独立的软件保障机构有利于建立规范的过程，使保障更有效。

（5）建立软件用户和保障机构的直接联系有助于提高保障效率。

（6）软件自身的质量和可维护性对软件保障实施有重要影响。高质量的软件可以降低软件保障的代价,可维护性好则有利于软件保障的实施。

(7)从保障管理角度来说,成功的采办是软件保障成功的基础。只有在采办过程中利用现代采办理论,统筹规划,提高软件可保障性,实现高质量的软件移交,为部署后软件保障做好充分的前期工作,才能在软件的整个生命周期中以较小的代价保持并提高软件的效能与战斗力。

(8)克服急功近利的思想。软件保障是一个系统工程,不能为了赶工期、完成任务只注重修改软件代码,而忽略了软件保障性要求。

1.5　软件保障机构

软件保障机构(Software Support Activity, SSA)是指负责特定的关键任务计算机资源(MCCR)的软件保障的服务组织。它是进行软件保障时必须建立的职能机构,是软件保障实施的主体。软件保障机构可以分成三级:基层保障机构、软件开发和生产单位的保障机构以及独立保障机构。

基层保障机构主要由军用软件使用单位的操作人员和技术人员组成,负责软件部署运用和日常维护阶段的保障。基层保障机构主要实施相对简单的软件重新启动、重新安装、备份与恢复等工作,还有一个重要任务是收集和产生"问题/变更报告",即发现软件存在的问题,并提出修改建议,这是进行后续保障的基础。需要明确基层保障机构的职责,规定应当做什么,不能做什么,由谁来做。

软件开发和生产单位的保障机构在特定的合同约束下,对软件进行维护、改进、升级或进行其他改变。该机构的人员应参与到软件开发和生产过程中,具有软件开发和生产的经验与知识,以保证软件保障的效率和效果。

独立保障机构由具有软件保障技能的专门人员组成,按照软件工程规范和软件保障过程,负责实施具体的软件保障工作,并负责软件更改后的安装和培训工作。针对特定的软件保障需求,独立保障机构要与软件开发和生产单位以及使用单位(部队)密切合作。基层保障机构产生的"问题/变更报告"是独立保障机构实施软件更改的基础数据,要对其进行分析和综合,在此基础上制定软件保障方案。而软件保障方案的实施,离不开软件开发和生产单位的配合。

第 2 章　软件保障性分析

为了提高装备软件的保障能力,必须在软件的全生命周期的各个阶段考虑软件的保障性问题,而软件保障性(Software Supportability)分析是一种重要的手段,是实现软件保障目标的基础,也是使软件便于保障和降低保障费用的重要保证。

2.1　软件保障性的定义

美国汽车工程师协会软件标准给出的软件保障性定义:"为使软件保障活动能够完成的一组软件设计属性、有关的开发工具和方法以及保障环境的基础设施[22]。"

英国国防标准给出的软件保障性定义:"软件设计、开发的特性,以可承受的费用提供维护和改进软件,以满足用户功能和使用的需求[27]。"

(GJB 451A—2005)《可靠性维修性保障性术语》[24]中将软件保障性定义为,软件所具有的能够和便于维护、改进、升级或其他更改和供应等的能力。

从上述软件保障性定义中可以看出,软件保障性是衡量软件保障系统满足用户使用需求的能力。

几乎所有软件在初次部署之后,都会出现不同程度、不同频率的更改,以便修正软件错误、提高环境适应性或者开发新功能。修改软件的工作量受到软件开发过程、产品特性以及其保障资源的影响。要在整个软件生命周期内,从设计到开发、部署和使用的各个阶段考虑软件的保障性。

2.2　软件保障性分析的概念

软件保障性分析是软件全生命周期的重要组成部分,是实现软件保障目标的重要分析性工具。它通过在软件开发和使用阶段运用装备保障和软件工程的理论与技术,帮助明确软件保障性要求,优化软件开发过程,确定软件保障资源要求。

现阶段大部分的综合保障工作活动是针对硬件的,而软件作为整个武器系统中的一个重要组成部分,软件保障性分析也是保障系统工程中不可或缺的一部分。

软件保障性分析通过反复的论证、综合、权衡、实验和评估,确定软件设计与保障系统之间的最佳保障要求,有助于影响软件的设计、开发,在使用阶段以最低的费用与人力提供所需的保障[28]。

软件保障性是多因素综合设计特性,软件保障性分析也是一种综合性的分析方法。它通过综合软件可维护性、软件可靠性等分析方法,辅助软件保障性设计[29]。软件保障性相关辅助分析如图 2-1 所示。

图 2-1　软件保障性相关辅助分析

软件保障性分析贯穿于软件生命周期各个阶段,是软件保障性设计得以有效展开的系统工程过程。软件保障性分析是一个反复有序的迭代并与软件开发进展相适应的分析过程。软件保障性分析的重点是在软件研制阶段,且保障性分析可以融入到制定软件保障性要求、制定保障方案和确定软件保障资源等活动中去。

软件保障性分析的一般过程如图 2-2 所示。

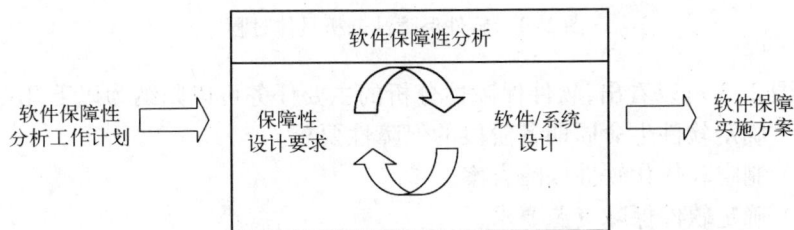

图 2-2　软件保障性分析一般过程

2.3　软件保障性分析的任务与特点

从软件保障性分析的一般过程(见图 2-2)可以看出,软件保障性分析是一个迭代的过程,与软件开发过程密切相关,具体分析过程如图 2-3 所示。

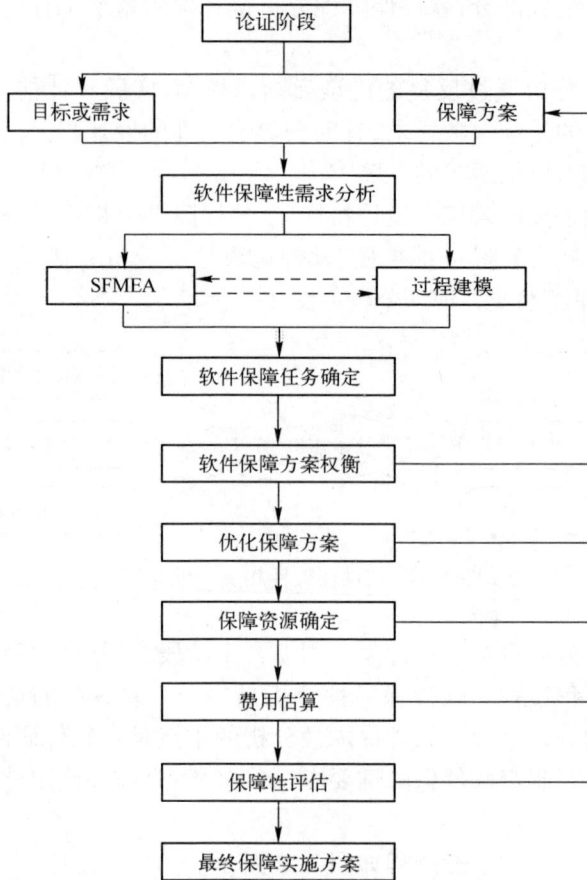

图 2-3 软件保障性分析具体过程

从图 2-3 可以看出,软件保障性分析的主要任务可以归纳为以下几点:

(1) 确定软件生命周期各阶段的保障性要求。

(2) 制定和优化软件保障方案。

(3) 确定软件保障资源要求。

(4) 估算软件保障费用。

(5) 软件保障性的评估。

软件装备和硬件装备有两个本质区别:

(1) 软件不会用坏。硬件使用到一定程度后,存在磨损和老化问题,而软件不存在这一问题,软件只要不更改,就始终保持开发后的状态。

(2) 软件问题的影响面大。一个硬件设备失效,只影响其所属的一个单位,而一个软件问题则影响到部署该软件的所有单位。

因此软件的保障性分析既要考虑装备保障的通用要求,又要考虑软件的特殊性。归纳起来,软件保障性分析具有以下特点:

(1) 软件保障性分析通过规划保障来优化软件开发过程。

(2) 软件保障性分析是一个反复迭代的过程。

(3) 软件保障性分析要综合运用装备保障、软件工程、软件测试的理论与技术。

2.4　影响软件保障性的因素

影响软件保障性的主要因素有软件的产品特性,即软件本身的属性、软件的开发过程以及软件保障资源等,具体有下面九个影响因素:

(1) 更改流量。它是需求稳定性、软件完整性和系统使用情况的复杂函数,更改流量将影响软件保障的任务量,更改流量大则需要更多的软件修改工作。

(2) 扩展能力。它是与系统设计有关的一个属性,没有足够的扩展能力可能会限制软件的修改范围并对修改的费用产生重要影响。

(3) 装备数量和部署位置。它会对保障费用、软件保障性要求的制定及保障工作量产生影响,还会影响到软件保障设施如何分配到最佳位置。

(4) 模块化。它便于软件保障的实施,模块化程度差通常会导致修改费用增加,因为需要对软件的其他部分做相应的改动。

(5) 软件规模。软件的规模将从预计的更改流量和进行更改所需的资源数量两方面影响它的保障性。

(6) 保密性。数据、可执行代码和文档的秘密等级可能会对软件保障活动提出限制条件和要求,也会对装备提出特殊的处理要求,这些影响会限制软件的使用权限并对设计提出相应的要求,从而需要特殊的软件保障任务和设备。对任何系统而言,高保密等级的软件与系统中其他的软件在物理上应是隔离的。

(7) 人员技能。软件的修改需要具有相应软件工程技能的人员完成,软件人员的技能水平不能达到要求就会影响软件保障性的实现,同时规定的技能对训练要求也会产生影响。

(8) 标准化。在软件开发过程及相关的软件文档中提出标准化要求可减少所需工具、技能和设施的种类,有助于改善软件的保障性。

(9) 文档。它是指所有的记录,包括电子和纸质记录,即与软件产品有关的需求、设计、实施、测试和使用文档。文档是影响软件保障性的主要因素。

2.5　软件生命周期各阶段的保障性分析

软件保障性分析是反复迭代的过程,根据软件保障性分析的主要任务可以看出,软件保障性分析涉及软件生命周期的各个阶段。在软件生命周期的各个阶段都应该有重点地进行软件保障性分析工作,以实现软件保障目标。

1. 软件需求分析阶段的保障性分析

软件需求分析阶段主要确定系统必须完成哪些工作,也就是对目标系统提出完整、准确、清晰、具体的要求。需要描述软件的功能和性能,确定软件设计的约束和软件同其他系统元素的接口细节,定义软件的其他有效性需求。在该阶段,要求确定出科学合理、协调匹配的软件保障性要求,主要包括以下内容:

(1)软件文档。明确软件开发和测试阶段的文档种类及要求,详细、准确、一致的软件文档是实施软件保障的重要保证。

(2)软件保障的管理及实施机构。明确软件部署后的保障管理机构和实施机构,由什么部门来组织协调软件保障工作,由什么部门具体实施软件保障工作。

(3)软件保障性参数及要求。明确软件保障性参数,并给出定性或定量要求。软件质量包括六个要素,对应的软件保障性参数也可以按照这六个要素展开:

① 正确性。正确性是指软件所实现的功能满足用户需求的程度,即用户要求的功能是否都正确实现了。

② 可靠性。可靠性是指在规定的时间和条件下,软件所能维持其性能水平的程度。它除了反映软件满足用户需求正常运行的程度,也反映了在故障发生时能继续运行的程度。

③ 易用性。易用性是指用户学习和使用软件的难易程度,即用户是否能方便地掌握和使用软件。

④ 效率。在指定的条件下,用软件实现某种功能所需的计算机资源的有效程度。除了处理时间因素,还包括存储空间、通道等的使用情况。

⑤ 可维护性。可维护性是指对软件进行修改的难易程度,对软件的修改包括纠错、变化的需求及环境等。

⑥ 可移植性。可移植性是指从一个计算机系统或环境转移到另一个计算机系统或环境的难易程度,包括操作系统的变化、硬件系统的变化及数据库系统的变化等。

2. 软件设计阶段的保障性分析

在软件设计阶段,进一步从技术可行性方面论证软件保障性要求,以保证

保障性要求的落实。此外,在该阶段还应进行以下保障性工作:

（1）软件保障方案的制定与优化。这是该阶段的主要工作,越早确定软件保障方案,就越能对软件设计施加影响,从而提高软件的保障性。

（2）软件保障资源需求分析。通过初步分析软件保障方案的保障资源需求来选择最佳的保障方案。

3. 软件实现和测试阶段的保障性分析

在软件实现和测试阶段,保障性分析工作包括软件保障方案的确定与优化、保障资源需求确定、保障性评估等内容,但分析的重点是保障资源需求的确定。依据明确的保障方案,明确实施软件保障所需要的资源,包括人力资源、设备和设施、保障费用等。

4. 软件部署运用阶段的保障性分析

在软件部署运用阶段的保障性分析工作主要是保障性评估,为了真实反映软件的保障性水平,必须在软件部署运行后,在实际的使用环境下进行保障性的评估工作。

2.6　软件保障性分析技术

进行软件保障性分析需要相应的保障性分析技术与方法来支撑,下面简要介绍一些常用的软件保障性分析技术。

2.6.1　软件测试技术

对软件而言,不论采用什么样的技术和方法,软件中都会存在缺陷,采用现代程序设计工具和软件开发方法,可以减少缺陷的引入,但无法完全杜绝软件中的缺陷,这就需要采用测试技术来发现软件的缺陷,并评估软件的缺陷密度。

1983 年,IEEE 在其软件工程标准术语中给出了软件测试的定义:"使用人工或自动手段来运行或测定某个系统的过程,其目的在于检验它是否满足规定的需求或是明确预期结果与实际结果之间的差别。"

该定义明确指出软件测试以检验软件是否满足需求为目标,其根本目的是以尽可能少的时间和人力发现软件中潜在的缺陷,并尽可能在软件研制阶段改正这些缺陷,提高软件质量。

软件测试贯穿于软件研制的全过程,越早开展软件测试工作,越能够在软件研制的初期阶段以较低的成本排除软件缺陷。软件测试可以分为单元测试、部件测试、配置项测试和系统测试四个级别。对不同的测试级别,又可以采用多种测试类型进行测试,主要包括文档审查、代码审查、静态分析、代码走查、逻辑测试、功能测试、性能测试、接口测试、人机交互界面测试、强度测试、余量测试、可靠性测试、安全性测试、恢复性测试、边界测试、数据处理测试、安装性测试、容量测试、互操作性测试等。

通过软件测试发现的软件缺陷,是进行软件保障性分析重要的数据来源之一,据此可以完善软件保障方案和规划软件保障资源要求。

2.6.2　软件失效模式、影响及危害性分析

软件在使用过程中出现失效会导致任务的失败,在软件研制过程中进行软件失效模式、影响及危害性分析(Software Failure Mode Effect and Criticality Analysis,SFMECA),可以预先掌握软件的失效情况,并采取必要的措施进行纠正,以防止类似情况的再次发生,无疑将提高软件的可靠性,减少因软件失效造成的损失。在软件部署运用过程中,收集和汇总软件失效信息,并进行失效影响及危害性分析,是确定软件是否升级的关键因素之一。

软件失效模式影响分析(Software Failure Mode Effect Analysis,SFMEA)就是通过对软件各个部件中潜在的失效模式及其对系统功能的影响进行分析,并把每一个潜在的失效模式按严重程度进行分类,提出可以采取的预防改进措施。这种分析方法可以运用在软件研制阶段,以提高软件的可靠性,也可以运用在软件使用阶段,以确定软件是否需要更改升级。

软件失效模式、影响及危害性分析是在软件失效模式影响分析的基础上再增加一层任务,即判断这种失效模式影响的致命程度有多大,因此,软件失效模式、影响及危害性分析可以看作软件失效模式影响分析的一种扩展与深化。

软件失效模式、影响及危害性分析在软件保障中可以运用在两个阶段:一是在软件研制阶段,在该阶段根据分析的结果有针对性地修改设计和实现,尽早排除导致软件失效的故障,提高软件的可靠性;二是在软件部署运用阶段,在该阶段根据软件实际运行情况,收集软件失效数据,进行失效模式、影响及危害性分析,并进行汇总,以判定软件是否需要修改及修改的级别。

2.6.3　软件成本估算技术

1981 年,美国学者 Boehm 提出了构造性成本模型(Constructive Cost Model,COCOMO),它是一种精确的,易于使用的基于模型的成本估算方法。2004 年,Boehm 对 COCOMO 模型进行了更新,以反映现代软件过程与构造方法,提出了COCOMO Ⅱ,这是目前世界上使用最广泛的成本估算模型。

COCOMO Ⅱ涵盖了软件规模估算、工作量估算、进度估算以及软件维护工作量估算等各个方面,是进行软件费用评估的重要工具。

2.6.4　软件缺陷预测技术

对于关系到人员生命和重大财产安全的关键软件,测试人员通常面临很大

的压力。因此,有效的缺陷预测方法对于测试工作无疑具有非常重要的指导作用。测试管理者可以参考预测出的缺陷密度和缺陷数量来规划、管理和控制测试执行活动,有助于提高测试员分配、测试时间安排、测试结束条件设置的合理性。

　　构建缺陷预测模型的方法大致分为五个时期,从开始的单一变量统计分析时期,到后来的多变量统计分析时期,再到统计分析联合专家分析时期,以及后来的机器学习时期和机器学习联合分析时期。从构建软件缺陷预测模型的数据集来看,主要经历利用私有数据集建立的预测模型到利用公开数据集建立的预测模型阶段。伴随软件大小和数量的增加,公开的数据集也会增多,这便于专家们研究出一种使用各类模型预估数据的标准化平台。与此同时,开源软件数据被大量使用,使许多专家们可以利用大型开源软件获得有效数据。

　　软件缺陷预测大致可分为静态软件缺陷预测和动态软件缺陷预测技术。其中静态软件缺陷预测技术是根据有关度量元和缺陷数据,有效地预估缺陷的数量或者分布情况;动态软件缺陷预测技术是根据缺陷出现的时间,有效地预估缺陷随时间变化的分布情况。

第3章　软件保障方案

确定软件保障方案是软件保障工作的重点之一,保障方案的制定实质上是在规划软件保障工作,以便正面影响软件的设计和实现,减少软件保障的工作量,降低软件保障费用,从而使软件达到较高的战备完好性水平。

3.1　软件保障方案内容

为了提高软件保障效率,软件保障机构应当在软件开发阶段,尽早对软件保障进行规划,并提出初始的保障规划。通常,软件保障规划越晚,环境限制和实现花费就会越大。

软件初始保障规划是对软件保障的总体初步构想。主要规定软件保障模式、维护部门主体设想、生命周期费用的估算等。制定软件初始保障规划是为确定与实现重要保障要素提供设计准则,也为制定详细的软件保障方案提供依据。

软件保障模式可以简单地归为三类,如表3-1所列。

表3-1　软件保障模式

模式	优点	缺点
开发商保障模式	开发人员非常了解系统;无须精心细致地编制文档;无须在开发人员和维护人员中建立专门的联系;用户只需和一个软件组织打交道;由于工作量上的差异,开发组织的人员会觉得更加满意	如果仅仅只有维护任务,开发人员可能离开该组织;如果主要开发人员离开,则负责维护的人员得不到合适的培训;开发人员可能会花费太多时间用于完善已开发完成的系统
独立机构保障模式	编制了更规范的文档;建立了完整的保障过程;维护程序员能更好地了解系统的优势和薄弱环节;喜欢维护工作的人员通常会做得更好	移交工作可能太慢;人员安排不当可能影响士气;需要大量训练;学习新系统以及建立维护组织和设施需要大量的时间;保障组织的可信度无法确定
联合保障模式	在经费上可能容易承受;军队保障人员可以学到更多的保障知识;开发商可以将更多的精力放在新软件的开发上	不同机构交流可能不顺畅;存在安全保密问题

我军现行的软件保障模式比较单一,基本上还属于谁开发谁负责的对口保障模式。随着大量军事信息系统和软件密集型装备投入运行,对口保障模式已经暴露出了一些问题,如一个系统由于不同的模块由不同单位开发完成,就产

生了很多的软件保障单位,导致软件保障过程管理混乱、资源浪费严重、责任不清晰等问题的出现。

　　对单个武器平台中的嵌入式软件,应当主要组织初始设备制造商(OEM)进行长期的软件维护工作,但保留足够的基层维护工作由军方自己完成;对非嵌入式的关键性软件,军方应当组织专业的软件保障机构完成保障工作,可以采用政府管理、承包商完成、集中维护的模式,也可以采用军方自己独立保障的模式;对保障类软件,由于软件工程知识相对容易转换,可考虑100%地采用承包商保障以降低费用。

　　软件保障详细方案是比软件保障初始规划更为详细的保障工作说明。它涉及软件保障的每个要素,并使各要素之间相互协调,其内容可能涉及非常具体的层次。对于军用软件,软件保障详细方案是其计算机资源全寿命管理规划(CRLCMP)的一部分。

3.2　软件保障方案制定流程

　　软件保障方案的制定与优化,指从制定初始保障规划到制定备选方案,最后权衡分析,得出优化的保障方案。图3-1描述了保障方案制定流程。

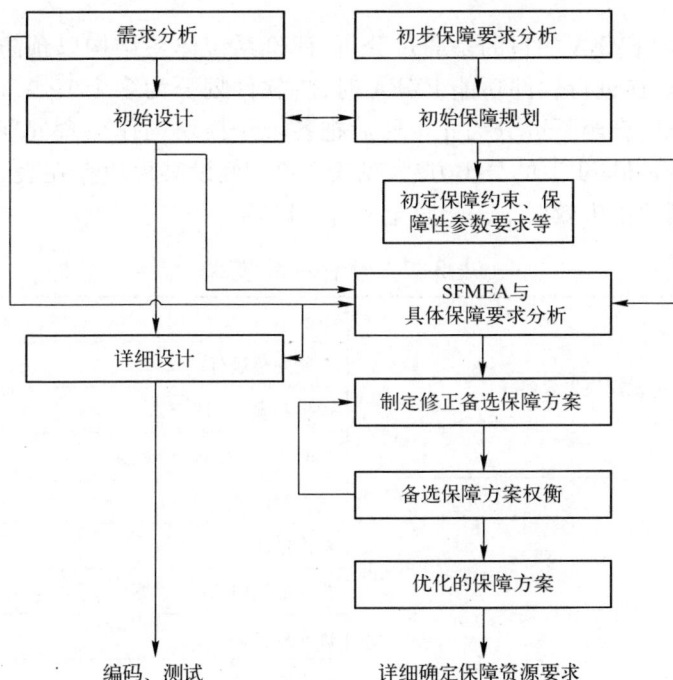

图3-1　保障方案制定流程

1. 初步保障要求分析

通过分析新研软件的使用要求、任务目标、战术技术指标、使用率及部署环境等，来确定初步的保障要求。初步保障要求应当包括软件保障的目标、软件的使用生命周期、任务时间以及利用率等。

2. 初始保障规划

根据初步的保障要求，制定初始的保障规划，包括保障性约束（如资源约束、时间约束）、保障性参数要求（如故障时间参数、生命周期费用参数）及保障模式的选择等。这些都是初步的分析，最终结果需要经过权衡分析，优化系统后才确定。

3. SFMEA 与具体保障要求分析

SFMEA(Software Failure Mode Effect Analysis) 即软件失效模式影响分析。该定义引申自武器装备的 FMEA 技术定义，即通过对产品各组成单元潜在的各种失效模式及其对产品功能的影响分析，把每一个潜在失效模式按它的严酷度予以分类，提出可以采取的预防改进措施，以提高产品可靠性的一种设计分析方法[30]。

SFMEA 通过判定失效的严重程度和发生概率，修改设计来使失效发生频率或者危害程度降低到可以接受的范围。本书主要指的是软件功能 FMEA 技术。

软件功能 FMEA 的目的是通过分析、评价系统体系结构以预防失效、保证安全的能力。在进行软件功能 FMEA 时，将软件划分为多个模块，模块再继续划分为子模块，直至不可分为止。然后把各个子模块当作黑盒处理，其失效模式可以采用 Goddard[31] 的分类方法，见表3-2。假设某模块存在表3-2所列的失效模式，则评价失效对上一级直至系统的影响。

表 3-2　软件失效模式

单元模块失效模式	不能运行
	不能完整运行
	输出错误
	时间错误（太早、太晚、太慢）
系统失效模式	输入错误
	输出错误
	错误的返回值（优先顺序，不能返回）
	优先权错误
	块中断
	资源冲突

确定失效影响之后,可以计算失效模式危害度 C_m。第 j 种失效模式危害度 C_{mj} 的计算公式为

$$C_{mj} = \lambda_p \alpha_j \beta_j t_j \tag{3-1}$$

式中:λ_p 为通过可靠性预计得到的产品失效率;α_j 为产品以失效模式 j 发生失效的百分比;β_j 为失效影响概率,是产品以失效模式 j 发生失效而导致系统任务丧失的条件概率;t_j 为产品每次任务的工作时间。

最终的影响与危害性分析的结果相比较,如果发现失效事件可以通过更改软件设计或者更改软件保障系统设计来降低发生概率,则将结果反馈给软件设计人员以及软件保障方案制定人员。

4. 制定与修正备选保障方案

制定备选保障方案的过程是一个反复迭代的过程,最终的保障方案必须使新研软件与其保障系统得到最佳的匹配,并且系统在费用、进度、性能与保障性之间达到最佳平衡。所制定的每一备选方案的详细程度及可用性都与软件开发研制的进程息息相关。在早期,应当尽早地确定影响软件保障性的主要因素,同时也要注意协调各因素之间的相互关系。随着软件开发的进行,当软件设计已经整体定型后,可以着重于保障方案的修改,将软件保障过程分解到具体相关部门,初步确定相关资源等。

5. 保障方案的权衡

该阶段分析的主要目的是对备选方案进行修正,它是一个反馈过程,同时影响软件的设计,以便在费用、进度和软件保障性之间达到平衡。

3.3　软件保障方案优化

在软件初始设计时,常常对应着多个保障方案,对这些保障方案进行权衡分析,不仅可以为决策者选择最佳保障方案提供依据,而且可以为软件设计提供改进依据。

权衡分析是为决策提供依据,是一种决策分析方法。决策理论与方法经过几个世纪的发展,已经取得了巨大的成功,并在社会、经济、军事各个领域得到广泛的应用。权衡分析与早期的决策分析方法不同的是权衡分析致力于解决多方案选优问题,并且强调其并行测试评估的特性。

3.3.1　权衡分析流程

一次完整的方案权衡分析过程如图 3-2 所示。

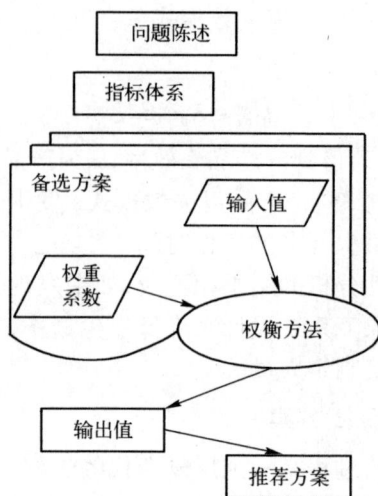

图 3-2　权衡分析过程

1. 问题陈述

正确地陈述问题是系统工程人员最重要的任务之一,如果问题没有搞清楚,再好的解决方案也是没用的,因此,问题陈述有时比问题解答还重要。问题陈述包括描述用户需求、陈述项目目标、界定问题域、描述利益相关者、可交付使用的性能列表以及应做的决策等。

在软件保障方案权衡分析中,首先要确定每次权衡分析的目的,例如,一次保障方案的权衡中,分析的目的是综合考虑各备选方案,在科学的比较分析后,为决策者提供决策辅助参考。在进行分析权衡的过程中,可能涉及军方使用人员代表、决策人员、权衡专家、保障人员等工作人员,这些人员之间各自的工作要明确,尤其注重军方使用人员的需求分析。

2. 指标体系

指标是指系统的属性或特征,是用来评价系统满足性能、费用、进度或风险等需求程度的标准,是进行权衡分析的基础。

当实施权衡分析时,系统分析人员必须选择某一标准来反映用户的偏好和价值,用这些标准能够依据用户的判断来对系统实施质量和偏好分析。实际上,通常都会选择一些简单的、目标明确的、定量化的分析指标来计算,像效能、费用、进度和风险这样的属性值来分析系统方案。

例如,权衡某装备保障方案,常常选用资源、人员及费用等来权衡该方案。指标应当根据偏好需求或者反映相互补偿和权衡分析的系统需求来设计,应当在偏好性与强制性需求之间进行权衡。强制性需求表达了满足用户需求必需的条件,被表示为硬限制,很少或没有补偿的可能。在上述例子中,强制性要求可能为"费用不能高于 15 万元/年",那么任何费用预算高于"15 万元/年"的方案都是不可接受的。

在具体设计指标体系时,还要考虑其他因素,比如:要强调指标的整体性,即指标的设计要考虑全面,不能漏掉任何关系软件保障的指标,这样的权衡分析结果才可靠;指标要与需求相关,与需求无关的指标是没有权衡分析的意义的;指标最好是时间无关的,即不随时间的变化而变化,当然某些与时间相关的性能指标也是必不可少的。

在软件设计阶段,由于制定的设计方案、使用方案和保障方案还处于理论阶段,因此掌握的软件保障数据少,相关资料、保障方案相对粗略。可以通过调研和统计的办法,根据已列装部队的软件装备保障情况,分析并明确已知的或预计的保障约束条件,对软件保障方案的权衡指标进行选择,最后经过专家筛选之后,建立早期保障方案权衡指标体系,如图 3-3 所示。

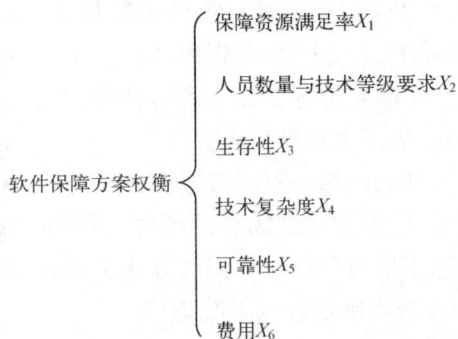

软件保障方案权衡 ⎰
保障资源满足率X_1
人员数量与技术等级要求X_2
生存性X_3
技术复杂度X_4
可靠性X_5
费用X_6

图 3-3　保障方案权衡指标

3. 备选方案

备选方案指满足系统要求的可行方案的集合。在制定备选方案集时,应当从系统需求出发,设计满足系统需求的方案,系统需求包括强制性需求和可权衡需求,强制性需求必须满足,不满足强制性需求的方案不列在备选方案集中,备选方案集中的方案都是满足可权衡需求的方案,它们各有长处,没有哪一个方案在所有的性能指标上都优于其他的,故存在权衡分析的必要。

4. 指标权重

决定权衡分析结果的另一个重要的因素是权重系数的选定。权重用以确定被层次化的指标之间的优先权问题,即具有高重要度的指标在整个权衡系统中有更高的权重。权重是目标重要性的度量,它反映了三种因素的作用:利益相关者对目标的重视程度;各目标属性值的差异程度;各目标属性值的可靠程度[32]。

确定权重的方法有很多,常用的是层次分析法,它通过对专家给出的判断矩阵的分析,得到各层次的权重和整体目标的权重。采用层次分析法,经过专家判断之后,计算图3-3中保障方案权衡指标体系的权重值为 WT = (0.2592, 0.2592, 0.1356, 0.0746, 0.1356, 0.1356)。

5. 输入值

输入值来自于近似值、产品背景、分析、模型、仿真、经验或原型系统。输入值揭示每个方案满足每个指标的程度,输入值通过权衡方法处理之后得到反映决策者偏好的输出效用值。

在软件保障方案权衡中的输入值来自于各备选方案的指标数据,这些数据来自于各参与权衡的专家分别独立思考之后给出的定性数据,或者来自于保障方案的本身数据。

6. 权衡方法

进行权衡分析时,要通过数据采集或者专家访谈等方式,得到每一个指标结果数据,然后综合结果数据,从而对系统给出数量化的分析结果。对于包含大量指标的复杂系统,通过综合原始数据来直接权衡每一个指标是非常困难的,因为数据量较大,且不确定性强。而权衡方法即通过一定的数学方法,对数据进行处理之后,在同一标准上进行比较。

常用的方法有人工神经网络、遗传算法等,这些方法不需要确定权重,但是需要训练样本训练模型,使模型达到满意的精度,但在某些情况下,无法提供充足的训练数据。这里选用集对分析法[33],该方法是我国学者赵克勤于20世纪80年代末提出的一种分析不确定性的系统理论。

集对就是具有一定联系的两个集合所组成的对子。由集对的定义可知,系统内任何两个组成部分都可以在一定条件下看成是集对的例子,如物质与能量、化合与分解、指挥与决策,集对的例子不胜枚举,集对的内容各式各样。

集对分析的核心思想是把被研究的客观事物之间的确定性联系与不确定性联系作为一个确定性不确定性共存的系统进行分析和处理。具体分析中,把2个集合的确定性联系分为"同一性联系"和"对立性联系",同时认为2个集合的不确定性联系是不同于"同一性联系"也不同于"对立性联系"的一种联系,称之为"差异性联系"。为方便起见,将2个集合的"同一性联系""差异性联系""对立性联系"分别简称为"同""异""反"。

(1)同联系。2个集合如果具有某些相同的特性,则称这2个集合有同一性联系,简称同联系。

(2)反联系。2个集合如果具有某些相反的特性,则称这2个集合有对立性联系,简称反联系。

(3)异联系。2个有一定联系的集合,如果这种联系既不是同一性联系,也不是对立性联系,则称这种联系为差异性联系,简称异联系。

2个集合的差异性联系是与这2个集合的同一性联系与对立性联系有根本

区别的一种不确定性联系,但同时又与这 2 个集合的同一性联系与对立性联系有着密切的联系。

同异反联系度表达式一般按以下思路确定:根据问题 W 需要对集合 A 和集合 B 所组成的集合对进行分析,设集合对共有 N 个特性,其中有 S 个特性为 A、B 集合所共有,这 2 个集合在其中 P 个特性上相对立,在其余的 $F = N - S - P$ 个特性上既不对立,又不统一,即性质不确定。在不考虑各特性权重的情况下,则称:

S/N 为集合 A 和集合 B 在问题 W 下的同一度,简记为 a;

F/N 为集合 A 和集合 B 在问题 W 下的差异度,简记为 b;

P/N 为集合 A 和集合 B 在问题 W 下的对立度,简记为 c。

由于同一度、差异度和对立度是从不同侧面刻画 2 个集合的联系状况,因此全面地描述这 2 个集合总的联系状况,一般用以下表达式:$u = a + bi + cj$。其中 i 为差异度标记,视不同情况在 $[-1, 1]$ 区间取值,j 为对立度标记,规定 $j = -1$,且 a、b、c 满足归一条件:$a + b + c = 1$。

形如 $u = a + bi + cj$ 的联系度通常称为三元联系度,将不确定联系细分可得到四元联系度,一般形式:$u = a + bi + dk + cj$。其中 a 为正项,bi 为偏正项,故 $0 < i < 1$,dk 为偏负项,故 $-1 < k < 0$,cj 为负项,$a + b + c + d = 1$。

7. 输出值

输出值是输入值通过权衡方法处理之后得到的关于权衡对象的定量或定性的描述。

在得出输出值之后,需要对输出值进行比较分析,以确定某个保障方案优于其余方案。通常集对分析的结果比较采用同一度分析法。在结果矩阵中,同一度为 $u = a + bi + dk + cj$ 中的 a,表示各方案与理想方案的接近程度。该种方法的前提是假设,方案与理想方案越接近则越优秀,并且没有考虑方案中的反联系与异联系对结果的影响,对集对分析的结果向量利用不够充分,存在片面性。

为了全面利用最终联系数的所有信息,这里将集对分析的结果向量转化为区间数之后再进行比较,得出最优保障方案。具体做法是将联系数 $u = a + bi + dk + cj$ 按照式(3-2)转为区间数 $[u^-, u^+]$,其中 u^- 是联系数可能的最小值,表示该方案可能出现的最差情况;u^+ 是联系数可能的最大值,表示该方案可以达到的最好情况。

$$u = a + bi + dk + cj \Rightarrow [u^-, u^+] \Leftrightarrow \begin{cases} u^- = a - c - d & i = 0, j = -1, k = -1 \\ u^+ = a - c + b & i = 1, j = -1, k = 0 \end{cases} \tag{3-2}$$

为了对区间数进行比较,这里引入区间数可能度概念。记 $a = [a^-, a^+]$ 为一个区间数,当 $a^- = a^+$ 时,a 退化为一个实数。

定义 3-1：当 a、b 均为实数时，则称

$$p(a \geqslant b) = \begin{cases} 1 & \text{当 } a \geqslant b \text{ 时} \\ 0 & \text{当 } a < b \text{ 时} \end{cases} \tag{3-3}$$

为 $a \geqslant b$ 的可能度。

定义 3-2[34]：当 a、b 同为区间数或者一个为区间数时，设 $a = [a^-, a^+]$，$b = [b^-, b^+]$，记 $l_a = a^+ - a^-$，$l_b = b^+ - b^-$，则称

$$p(a \geqslant b) = \frac{\max\{0, l_a + l_b - \max(b^+ - a^-, 0)\}}{l_a + l_b} \tag{3-4}$$

为 $a \geqslant b$ 的可能度，且记 a、b 的次序关系为 $a \underset{p}{\geqslant} b$。如果两个区间数，$a \geqslant b$ 的可能度大于 $b \geqslant a$ 的可能度，认为区间数 a 代表的方案相对与区间数 b 代表的方案更加优秀。

8. 推荐方案

通过前面的权衡分析与数量化的计算，可以对每一个方案给出一个受决策者偏好影响的数量值，用此值完成对方案的排序。然后，整理权衡分析的结果，以辅助决策。

软件保障方案权衡中，分析人员整理集结专家、决策者及相关参与人员的评估数据，用上述提到的权衡算法，完成对方案的偏好排序，最后形成文档以供决策者作为辅助参考。

综上所述，软件保障方案权衡分析首先在对问题明确描述的基础上建立指标体系，进行分析时，针对每一个备选方案从每一个指标开始，通过权衡方法，结合指标的权重值将指标输入值转化为输出值，从而得到方案的整体权衡结果。分析时，应当充分发挥协同的优势，把专家的经验知识跟权衡分析的方法有效地结合起来，以实现定性分析的综合集成，为论证决策者提供科学可信的辅助决策信息。

3.3.2 实例分析

A 为某部队的仓储管理软件备选保障方案集合，X 为图 3-3 所示的指标体系集合，由 A 和 X 组成一个集合对。经过专家、软件保障机构和军方人员等协商之后，得出备选保障方案信息如表 3-3 所列。

表 3-3　保障权衡分析初始数据

方案＼指标	X_1	X_2	X_3	X_4	X_5	X_6
A_1	0.90	0.60	0.90	0.56	0.83	10
A_2	0.95	0.64	0.91	0.70	0.87	12
A_3	0.80	0.55	0.83	0.60	0.90	10
A_4	0.975	0.58	0.86	0.67	0.92	11

其中指标 X_1、X_3、X_5 属于效益型指标,即数值越大代表方案越好;X_2、X_4、X_6 属于成本型指标,即数值越小,代表方案代价越低。

联系度确定方法如下:

(1) 对于效益型指标,设指标值为 x_i。所有方案中最优值即最大值 G,最差值即最小值 P,则 $P < x_i < G$,建立区间 $[P, G]$,并将此区间三等分,则第一个分值点为 $M_1 = (G + 2P)/3$,第二个分值点为 $M_2 = (2G + P)/3$。

按照如下方法计算得出效益型指标的联系度函数:

令 $S_1 = |x_i - P|$,$S_2 = |x_i - M_1|$,$S_3 = |x_i - M_2|$,$S_4 = |x_i - G|$,$S = S_1 + S_2 + S_3 + S_4$,则联系度为

$$u = a + bi + dk + cj = \frac{S_1}{S} + \frac{S_2}{S}i + \frac{S_3}{S}k + \frac{S_4}{S}j$$

(2) 对于成本型指标,设指标值为 x_i。

所有方案中最优值即最小值 P,最差值即最大值 G,则 $P < x_i < G$,建立区间 $[P, G]$,并将此区间三等分,则第一个分值点为 $M_1 = (G + 2P)/3$,第二个分值点为 $M_2 = (2G + P)/3$。

按照如下方法计算得出成本型指标的联系度函数:

令 $S_1 = |x_i - G|$,$S_2 = |x_i - M_2|$,$S_3 = |x_i - M_1|$,$S_4 = |x_i - P|$,$S = S_1 + S_2 + S_3 + S_4$,则联系度为

$$u = a + bi + dk + cj = \frac{S_1}{S} + \frac{S_2}{S}i + \frac{S_3}{S}k + \frac{S_4}{S}j$$

根据上述方法,计算出方案 A_1 的权衡矩阵为

$$H_1 = \begin{bmatrix} 0.4286 + 0.1786i + 0.0714k + 0.3214j \\ 0.3333 + 0.0833i + 0.1667k + 0.4167j \\ 0.5000 + 0.3095i + 0.1190k + 0.0714j \\ 0.5000 + 0.3333i + 0.1667k + 0j \\ 0 + 0.1667i + 0.3333k + 0.5000j \\ 0.5000 + 0.3333i + 0.1667k + 0j \end{bmatrix}$$

考虑各指标的权重,则方案 A_1 的加权权衡结果向量为

$$H_{w1} = W^T * H_1 = 0.3704 + 0.2025i + 0.1581k + 0.2688j$$

同理,可得方案 A_2、方案 A_3、方案 A_4 的结果向量为

$$H_{w2} = 0.2426 + 0.2139i + 0.2305k + 0.3128j$$
$$H_{w3} = 0.3025 + 0.2560i + 0.2096k + 0.2317j$$
$$H_{w4} = 0.4262 + 0.2232i + 0.1339k + 0.2165j$$

如果采用常用的同一度分析法,根据四个方案的加权权衡矩阵可知,$a_4 > a_1 > a_3 > a_2$,因此方案 A_4 与理想方案最为接近,故方案 A_4 为最佳方案。

采用基于区间数可能度的结果分析法进行分析,首先根据式(3-2)将四个联系数转为区间数为

$$H_{A1} = [-0.0565, 0.3041]$$
$$H_{A2} = [-0.3007, 0.1437]$$
$$H_{A3} = [-0.1388, 0.3286]$$
$$H_{A4} = [0.0758, 0.4329]$$

根据式(3-4)对四个区间数,H_{A1}、H_{A2}、H_{A3}、H_{A4}进行两两比较的可能度矩阵为

$$P = \begin{bmatrix} 0.5 & 0.7513 & 0.5349 & 0.3181 \\ 0.2487 & 0.5 & 0.3098 & 0.0847 \\ 0.4651 & 0.6902 & 0.5 & 0.3066 \\ 0.6819 & 0.9153 & 0.6934 & 0.5 \end{bmatrix}$$

矩阵 P 是一个互补模糊矩阵,这里,利用文献[35]中给出的一个简洁的排序公式进行求解:

$$H_{Ai} = \frac{1}{n(n-1)}\left(\sum_{j=1}^{n} p_{ij} + \frac{n}{2} - 1 \right) \tag{3-5}$$

根据式(3-5)求解矩阵 P 结果为,$H = (0.2587, 0.1786, 0.2468, 0.3159)$,由排序向量 H 及可能度矩阵 P 得到区间数的排序结果为

$$H_{A4} \underset{0.6819}{\geqslant} H_{A1} \underset{0.5349}{\geqslant} H_{A3} \underset{0.6902}{\geqslant} H_{A2}$$

故方案 A_4 是最佳保障方案,结果与同一度分析法相同,但是该结果是利用了联系数中所有信息分析之后得出的结果,相比同一度分析法更加准确有效。

第4章　软件保障资源

对硬件装备而言,保障资源是装备形成保障能力的物质基础,是为了使系统保持战备完好性与持续作战能力的要求所需要的全部物资和人员。没有保障资源,部队建立不了保障系统,必将严重影响装备保障能力与战斗力的形成。硬件装备保障主要强调科学合理地根据需求确定保障资源的品种与数量,保证以最小的保障负担和最低的保障费用,提供装备所需的保障资源。

对软件而言,保障资源同样是实施软件保障的物质基础。但和硬件装备保障资源相比,软件装备的保障资源又有很大的不同,因此本章结合软件的特点来讨论软件保障资源问题。

4.1　软件保障资源概述

软件保障资源在物质、人员和需求确定过程方面与硬件装备保障资源均有很大的不同,主要体现如下:

(1)从物质角度看,硬件装备随着列装的数量越来越多,需要的保障资源也越多。软件则不同,无论配发到多少单位,它都是一样的,都不会用坏。使用过程中发现了问题,使用单位也不能修改,只能提交专门的保障机构进行修改和完善,因此软件保障需要的保障资源数量较少,很多情况下只需要一套即可,但对质量的要求较高。

(2)从人员角度看,硬件装备数量越多,需要的保障人员也越多。而软件的保障人员除了使用单位需要配置一定的使用人员,不需要额外的保障人员,软件保障的实施主要由专门的保障机构或开发商进行,只需要一个保障团队即可。

(3)硬件装备保障资源需求确定的过程是一个反复迭代的过程,在装备生命周期的全过程,都应进行相应的工作,这样才能保证保障资源需求规划的科学性与合理性。例如,硬件装备在不同的使用年限需要的保障资源是不同的,而软件保障资源需求则是相对明确的。

由此可见,软件保障不是实时进行的,出现了问题只影响局部功能,不影响其他功能的正常运行,所以软件保障资源需求主要由上级主管部门、专门的保障机构和开发商联合确定。软件保障资源主要包括：

（1）物质资源。由硬件系统和软件系统组成,硬件系统包括运行软件的计算机、网络环境、配套的硬件设备等。软件系统包括软件的源代码、系统软件（操作系统、编译系统及其他工具软件）、支撑其运行的服务软件、协同工作的其他应用软件等。

（2）人力资源。一是使用人员,软件使用人员同时也是保障人员,要掌握软件的安装、备份与恢复,在出现问题的情况下能够恢复到上一个正常状态,即有责任保障软件的日常运行。二是专业保障人员,由上级主管部门、专门的保障机构和开发商联合确定,负责软件的更改、完善等。

（3）技术文档。软件文档是实施软件保障最重要保障资源,要按照软件工程规范生成软件生命周期各个阶段的文档,并且要有明确具体的要求。

1. 软件研制阶段确定保障资源需求的主要工作

软件研制一般分为下面几个阶段:可行性分析、需求分析、概要设计、详细设计、编码和测试。按照不同的软件过程模型,这几个阶段也是迭代的过程。研制工作完成后,基本可以确定保障资源需求,主要包括:

（1）软件使用人员数量与技术等级方面的要求与约束,如系统管理员、不同级别的用户数量、技术能力要求等。

（2）初始供应保障期的时间约束。

（3）软件保障物质资源的标准化、通用性与共用性的要求与约束。

（4）软件开发环境硬件要求,包括服务器、计算机的配置要求,网络环境要求,支撑软件运行的所有外部设备的要求等。

（5）软件开发环境软件要求,包括操作系统、编译系统、其他工具软件、支撑其运行的服务软件、协同工作的其他应用软件等要求。

（6）对软件开发文档的要求,主要包括研制总要求、研制任务书、需求规格说明、概要设计说明、详细设计说明、数据库设计说明、接口设计说明以及测试文档(测试计划、测试说明、原始记录、问题报告、测试总结等)等。软件开发文档是实施软件保障的基础,要对这些文档提出尽可能详细的要求与约束,并在软件验收阶段进行严格的测试。

（7）对安装手册、使用手册、维护手册等技术资料阅读等级的要求与约束。

（8）对系统管理人员、使用人员培训的要求与约束。

（9）对软件源代码的要求与约束,如采用的编程语言、编程规则、注释率要求等。

（10）对存储介质的要求与约束。

（11）对安装规程、数据备份与恢复的要求与约束。

在软件研制阶段提出软件保障资源要求,是确定保障资源品种和数量的主要依据,通过规划保障资源,才能将保障资源与保障能力结合起来,从而实现软件保障的目标。

2. 软件部署运用阶段确定保障资源需求的主要工作

软件部署后投入运行,在此期间软件已经定型,出现问题也不能实时更改,该阶段确定保障资源需求的主要工作是根据具体的软件问题,分析其影响面和更改需要的保障资源,主要包括:

（1）对软件操作规程的要求与约束。

（2）对"问题/变更报告"的要求与约束。在部署运用阶段不可避免地会遇到问题,这些问题是软件修改完善的基础数据,要提出明确的要求,包括出现问题软件的名称、版本、问题描述、复现步骤、影响的功能、问题提出人等。软件保障机构在软件部署运用之前就应该确定"问题/变更报告"的内容与格式,便于使用人员收集上报。

（3）对软件的安装、配置、备份与恢复资源进行评估。

（4）对安装手册、使用手册、维护手册等技术资料进行评估。

4.2 确定软件保障资源

软件保障相比硬件保障有着更高的技术要求,在部队只能进行简单的重新启动,软件复制、安装等工作,软件源代码级的更改只能由基地级保障团队,如专业软件保障团队、软件研发单位等来完成。因此,软件保障通常只有基层级与基地级两个级别,没有中继级级别。

保障资源是为了使系统保持战备完好性与持续作战能力的要求所需要的全部物资和人员。一般保障资源包括保障工具、技术文档、使用与维修人员、计算机相关保障资源等。保障资源是软件保障的物质基础,是影响软件保障性的三大要素之一。因此,一旦软件设计编码完成,系统的保障性将主要取决于保障资源的充足与使用程度。

硬件装备一般按照 GJB 1371—92《装备保障性分析》来确定保障资源。软件保障现阶段没有可以采用的明确规定,这里结合硬件装备保障资源确定方法,以军用软件的设计开发为基线,给出其一般流程,如图 4-1 所示。

1. 提出保障资源约束

在项目规划阶段,从任务需求出发,参照现有的软件装备标准或者规定,配合硬件系统的保障资源要求,分析软件保障资源的标准化、通用性等。通过一系列的分析,得出新软件保障资源的约束。一般情况下,软件保障资源的约束有:

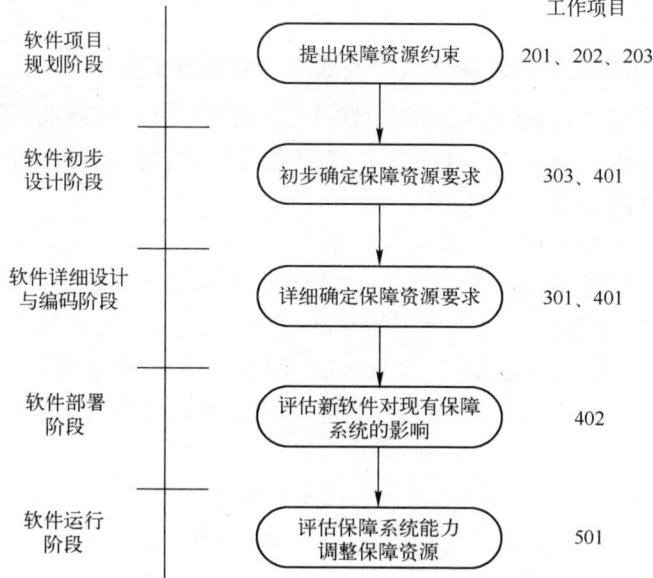

图 4-1　保障资源确定流程

（1）人员数量、专业职业与技术等级的约束；

（2）初始供应保障的时间约束；

（3）技术文档的标准化、保障工具的通用性约束；

（4）安全性要求约束，包括保密安全；

（5）如何利用现有的保障资源的约束；

（6）保障经费的约束。

2. 初步确定保障资源要求

在软件的初步设计阶段，软件还处于需求分析、总体设计的阶段，在该阶段，对软件保障初步计划，方案进行权衡分析，初步确定每个备选的保障方案的资源要求，并且要确定影响软件保障性、保障费用、战备完好性的主要因素的保障资源。在初步确定保障资源时，应当着重考虑开发时间长、技术复杂的保障资源（如测试工具、运行维护工具、培训工具等），对于这些资源应尽早规划设计。

3. 详细确定保障资源

在软件的详细设计与编码阶段，当每一次有测试版的软件生成时，应当全面进行软件的使用与维护分析，详细地确定全部保障资源。基本步骤如下：

（1）对每一个版本的软件进行使用分析，确定软件可能需要的维护保障工作内容，列出工作清单。其中包括引起该项保障工作的可能原因、该项保障工作的基本要求等。

（2）将每一项保障工作进行分级，确定该项保障工作是属于基层级还是基地级，明确每一项保障工作是由一个单位完成还是由多个单位完成。需要考虑的主要因素通常包括保障费用、场地、资格、经验、可用性、及时性等。分级的基本原则是，能在基层级完成的保障工作就不应该调到基地级完成。

（3）在级别确定的基础上，分析每项保障工作。对每一项保障工作进行分解，分解到基础的保障子活动。然后针对每一个保障子活动，确定其在该级别上所需要的保障资源要求，包括完成该项保障活动所需要的测试工具、配置工具、环境要求、代码分析工具、人员及技术水平等，最后需要分析保障活动可能带来对系统的危害，并给出应对措施。

通过详细分析确定以下内容：

① 完成保障工作所需要的全部保障资源；

② 规定每项保障工作所属的保障级别；

③ 每项保障工作可能带来的影响；

④ 在预期的使用环境中，保障工作预期的工作频率、工作时间等。

（4）综合汇总分析结果，在软件保障性分析记录中记录详细的分析结果，并将这些结果进行分类统计之后形成正式的文档保存。

软件研制单位在详细分析软件保障资源的同时，应当及时对保障资源中该软件所需的软件保障工具进行同步的开发研制。

软件保障资源要素分为两部分：一部分是指具体的保障资源，如人力人员、供应保障、测试保障、技术文档、训练保障、计算机资源保障等；另一部分是指保障机构对保障资源的管理方式，如保障资源能否对应到具体的保障活动，保障资源管理计划是否完善等。

① 人力人员。是指在软件的计划生命周期内使用与保障所要求的人员。由于软件的复杂性，因此一般要求非常熟练的技术人员来维护系统。软件保障所需要的人员数量与生命周期内预期维护次数相关。而无论是纠错性维护还是适应性维护，基本上都是一个软件再开发的过程。因此，保障人员要求比开发人员具有更高的技术水平。

② 供应保障。是保障最终产品满足用户在平时及战时的战备完好性要求所需要的辅助产品，对软件产品而言包括用以传递或传送计算机程序的媒体，含有嵌入式软件和固件的计算机芯片等。当技术出现革新时，应当考虑供该软件系统长期保障使用的零部件的继续可用性。软件保障的主要工作是软件维护，软件维护完成或者当软件因媒体损伤需要恢复配置时，都存在类似硬件替

换的重新复制,需要再供应。

③ 测试保障。一般是指软件测试的自动化工具,以及保障软件仿真与模拟器、计算机等硬件。

④ 技术文档。软件的标准化是软件保障性的重要指标,技术资料的完整性以及正确性对软件保障工作有重大影响。

⑤ 训练保障。软件密集系统的训练包括系统操作和维护操作,这一项工作包含硬件和软件两方面的培训,要求的技能水平较高,更多时候需要人员在软件开发研制时期就跟进项目组,了解软件的开发过程。

⑥ 设施保障。软件设施通常是指基地级维修设施,包括设备空间、磁带库、办公室等。设施的位置根据费用、反应速度和效能等因素来确定。

⑦ 计算机资源保障软件。即为了软件系统保障而开发研制的软件。例如,软件配置管理工具、数据库管理工具等。

保障资源的管理体现在保障机构的日常运作中,主要包括软件保障机构的各项保障相关文档、保障机构的管理、控制机制。保障机构既负责配置各项保障资源,又负责管理与使用保障资源,是执行软件保障的主体。保障机构对保障资源的管理能保证资源的完好性,及时地配置新资源,更新旧资源,是完成软件保障工作的前提,也是软件保障资源中最重要的部分。

4. 评估新软件对现有保障资源的影响

在软件的设计及编码阶段详细地确定了保障资源要求,仅局限于新软件的专门需求,还未与现有的其他配发部队的软件保障资源发生关系。而实际上,当一套新软件配发部队时,是与现有的其他软件一起同时运行的,部队的保障机构,即在基层级的保障机构,需要同时保障多个软件。因此在软件的部署阶段,需要进行早期的使用分析,分析新软件与现有软件保障资源的关系,以便尽早地发现问题,及时提出应对方案及改进措施。具体内容包括:

(1) 分析现有保障资源。通过分析现有保障资源现状,确定保障资源是否充足、保障工具是否齐全等。

(2) 评估新软件对现有保障系统的影响。新软件一旦部署,有可能与现有其他的软件争夺有限的保障资源。需要评估在保障技术人员、保障工具、保障经费、机构负荷、培训设施等方面对现有保障系统的影响。在第一步分析现有保障资源的基础上,找出可能存在的问题,提出相应的改进措施,如是否需要新增保障人员,是否需要配备新的保障工具等。同时,应当分析如果出现保障资源不足的情况,可能出现的问题,对战备完好性的影响,以及相应的应急措施。

5. 调整保障资源

在软件的运行阶段,随着保障系统开始运行、新保障需求的出现,以及各种新数据的收集,保障资源配置方面也可能出现问题,这时,需要及时调整保障方案,更新保障资源需求。

4.3　基于 AHP – FCE 的软件保障资源评估

4.3.1　基于 AHP 的评估指标体系构建

软件保障资源要素分为两部分:一部分是指具体保障资源;另一部分是指保障机构对保障资源的管理及使用方式。本书对这两部分要素分别采取两种评估方式:一是直接对保障资源进行评估,如评估保障人员配备是否齐全、保障工具是否研制完成并按时配发;二是评估软件保障机构的保障计划、保障过程成熟度、保障过程的管理等,客观地反映保障机构对软件保障过程中资源的配置以及利用情况。

根据两种评估方式,结合 GJB 3872—1999《装备综合保障通用要求》、GJB 1267—91《军用软件维护》和国内现有研究成果,以实际软件保障调研情况为基础,制定指标集,最后由专家进行评估筛选之后得出指标体系,如图 4-2 所示。

指标体系建立之后,因为不同指标对软件保障的影响不同,需要计算指标权重。采用层次分析法[36]建立权重集,引入表 4-1 所列的标度法构造出判断矩阵。

表 4-1　判断矩阵 1 ~ 9 标度及其含义

标度	含义
1	表示两个因素相比,具有同样重要性
3	表示两个因素相比,一个因素比另一个因素稍显重要
5	表示两个因素相比,一个因素比另一个因素明显重要
7	表示两个因素相比,一个因素比另一个因素强烈重要
9	表示两个因素相比,一个因素比另一个因素极端重要
2,4,6,8	介于以上两相邻判断的中值
倒数	指标 C_i 与 C_j 相比得 a_{ij},则 C_j 与 C_i 相比得 $a_{ji} = 1/a_{ij}$

采用层次分析法(Analytic Hierarchy Process,AHP)计算指标权重,根据判断矩阵,先计算出判断矩阵的特征向量 $W = (w_1, w_2, \cdots, w_n)$,然后进行归一化处理,使其满足 $\sum_{i=1}^{n} w = 1$,即可求出指标权重。

一般来说,计算判断矩阵的最大特征根及其对应的特征向量,并不需要较高的精度,这是因为判断矩阵本身有相当的误差范围,因此通常用迭代法在计

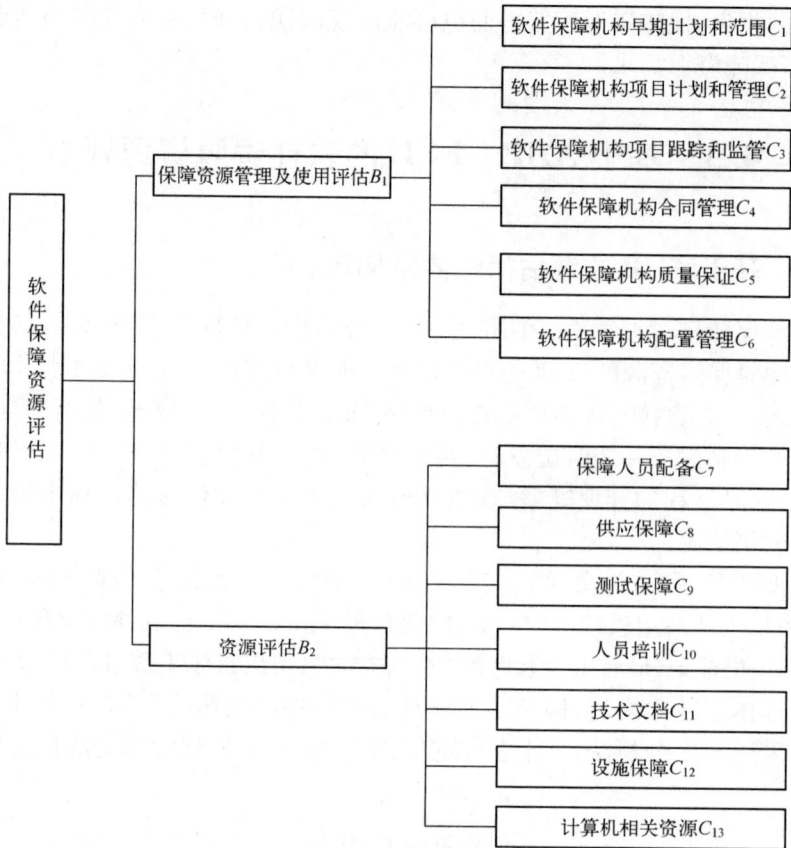

图 4-2　保障资源评估指标体系

算机上求得最大特征根及其对应的特征向量。本书中采用根法求解指标的权向量,其步骤如下:

(1)计算判断矩阵每一行元素的乘积 M_i:

$$M_i = \prod_{j=1}^{n} a_{ij}, \quad i = 1,2,\cdots,n \tag{4-1}$$

(2)计算 M_i 的 n 次方根 $\overline{w_i}$:

$$\overline{w_i} = \sqrt[n]{M_i} \tag{4-2}$$

(3)对向量 $\overline{W} = [\overline{w_1}, \overline{w_2}, \cdots, \overline{w_n}]^{\mathrm{T}}$ 进行归一化处理:

$$w_i = \frac{\overline{w_i}}{\displaystyle\sum_{j=1}^{n} \overline{w_j}} \tag{4-3}$$

则所求权重向量为

$$W = [w_1, w_2, \cdots, w_n]^{\mathrm{T}}$$

由于人们对复杂事物的各因素采用两两比较时,不可能做到完全一致的度量,存在一定的误差,因此,为了提高权重评价的可靠性,需要对判断矩阵作一致性检验。衡量矩阵 A 的不一致程度的数量指标为一致性指标 C. I. :

$$\text{C. I.} = \frac{\lambda_{max} - n}{n - 1} \tag{4-4}$$

式中: n 为矩阵的维数,即同一矩阵指标的个数; λ_{max} 为判断矩阵的最大特征值。

为了得到一个对不同阶数的判断矩阵均适用的一致性检验临界值,还必须考虑一致性与矩阵阶数的关系。一般地,判断矩阵的阶数越大,元素之间的关系就越难达到一致性。二阶互反矩阵总是一致的,故维数小于3的判断矩阵总是一致的。对于高阶矩阵可依据 T. L. Saaty 提出的修正方法进行判断,该方法依据随机一致性比率 C. R. 的大小来确定判断矩阵 A 是否一致,判断高阶矩阵的一致性准则为

$$\text{C. R.} = \frac{\text{C. I.}}{\text{R. I.}} < 0.10 \tag{4-5}$$

式中: R. I. 为平均随机一致性指标,可根据判断矩阵的阶数依据表4-2查得。

表4-2 平均随机一致性指标 R. I. 值

n	2	3	4	5	6	7	8
R. I.	0	0.5149	0.8391	1.1185	1.2494	1.3450	1.4200
n	9	10	11	12	13	14	15
R. I.	1.4616	1.4874	1.5156	1.5405	1.5583	1.5779	1.5894

已知由专家对保障资源管理及使用评估下各指标进行评分,经过计算后得到判断矩阵和权重结果,如表4-3所列。

表4-3 保障资源管理及使用权重计算

C	C_1	C_2	C_3	C_4	C_5	C_6	权重
C_1	1	1/3	1/3	1	1/3	1/2	0.0759
C_2	3	1	1	3	1	2	0.2389
C_3	3	1	1	3	1	2	0.2389
C_4	1	1/3	1/3	1	1/3	1/2	0.0759
C_5	3	1	1	3	1	2	0.2389
C_6	2	1/2	1/2	2	1/2	1	0.1315

$\lambda_{max} = 6.0138$, R. I. $= 1.2494$, C. I. $= 0.0028$, C. R. $= 0.0022 < 0.10$,满足一致性检验。

同理,可得准则层权重集:

$$W = (0.6666,0.3334)$$

资源评估权重集：

$$W_{B2} = (0.2711,0.0406,0.1296,0.2711,0.1296,0.0790,0.0790)$$

4.3.2　基于 FCE 的评估模型

模糊综合评价法[37]（Fuzzy Comprehensive Evaluation，FCE）不仅可对评价对象按综合分值的大小进行评价和排序，而且可根据模糊评价集上的值按最大隶属度原则去评定对象的等级。这就克服了传统数学方法结果单一性的缺陷，使结果包含的信息更为丰富。这种方法简易可行，在一些用传统观点看来无法进行数量分析的问题上显示了它的应用前景，很好地解决了判断的模糊性和不确定性问题。

1. 评价因素集及评价等级的确定

评价因素集 $C = \{C_1,C_2,\cdots,C_m\}$ 是指刻画被评价对象的 m 个因素（即评价指标）；评价等级 $V = \{V_1,V_2,\cdots,V_n\}$ 是指刻画每一因素所处状态的 n 种判断（即评价等级）。

评价等级为

$$V = \{V_1,V_2,V_3,V_4,V_5\} = \{优、良、中、差、极差\}$$

2. 评价指标隶属度的确定

本书采用模糊统计的方法确定指标的隶属度。具体方法：在评价过程中，让参加评价的各位专家按评价等级分别对各项定性指标评分，统计后，按下式确定各定性指标对各等级的隶属度，即

$$v_j(u_i) = M_{ij}/n \tag{4-6}$$

式中：M_{ij} 为 $u_i \in v_j$ 的次数；n 为参加评价的专家人数；$v_j(u_i)$ 为 $u_i \in v_j$ 的隶属函数。

各专家评分完成后，对评价结果进行汇总，各指标分别进行模糊统计，确定各评价等级的隶属度，即可得到该指标的单因素评价矩阵。对软件保障机构早期计划和范围指标的汇总统计如表4-4所列。

表4-4　保障机构早期计划和范围指标隶属度

评价指标	评价等级	人数(m)	隶属度($r=m/n$)
软件保障机构早期计划和范围	优	0	0
	良	5	0.5
	中	3	0.3
	差	2	0.2
	极差	0	0
备注	m 表示评为某评价等级的专家人数；n 表示专家总人数；r 表示某等级的隶属度		

由表 4-4 可知 C_1 的隶属度向量 $r = (0, 0.5, 0.3, 0.2, 0)$。

保障资源评估指标体系分为两层,在进行综合评价时应从第一层向上进行,把第二层评价指标看作单因素模糊评价问题进行计算,之后将各评价指标通过单因素评价模型得到的结果,依据模糊综合评价模型进行合成,最终得到模糊综合评价处理的结果向量,依据结果向量获得模糊综合评价的评价结论。

3. 单因素评价模型

首先,对于 B_1、B_2 的子因素分别作单因素评价,如对单因素 B_1,其子因素为 $C_1, C_2, \cdots, C_6$。

先求出单因素评价矩阵:

$$R_1 = \begin{bmatrix} r_{11} & r_{12} & r_{13} & r_{14} & r_{15} \\ r_{21} & r_{22} & r_{23} & r_{24} & r_{25} \\ \vdots & \vdots & \vdots & \vdots & \vdots \\ r_{61} & r_{62} & r_{63} & r_{64} & r_{65} \end{bmatrix}$$

其权向量为

$$W_{B1} = (0.0759, 0.2389, 0.2389, 0.0759, 0.2389, 0.1315)$$

单因素评价模型为

$$B_1 = W_1 \circ R_1 = (b_{11}, b_{12}, b_{13}, b_{14}, b_{15})$$

向量 B_1 为单因素 B_1 的模糊评价结果向量。

4. 模糊综合评价模型

对软件保障资源评价总目标 A,设其子因素 B_1、B_2 的单因素模糊评价向量为 B_1、B_2,进而可得总目标 A 的隶属关系矩阵 R。

$$R = \begin{bmatrix} B_1 \\ B_2 \end{bmatrix} = \begin{bmatrix} b_{11} & b_{12} & b_{13} & b_{14} & b_{15} \\ b_{21} & b_{22} & b_{23} & b_{24} & b_{25} \end{bmatrix}$$

模糊综合评价模型为

$$A = W \circ R = (a_1, a_2, a_3, a_4, a_5)$$

向量 A 即为软件保障资源的模糊综合评价结果向量。

5. 模糊合成算子的选择

单因素评价模型和模糊综合评价模型中的符号"$\circ$"为模糊合成算子,不同的模糊合成算子将对评价结果产生不同的影响,因此,在进行模糊综合评价时,应选择合适的模糊合成算子。常用的模糊合成算子有主因素决定型、主因素突出型、不均衡突出型、加权平均型。各算子比较如表 4-5 所列。

表 4-5　四种模糊算子的比较

比较方面　　模糊算子	主因素决定型	主因素突出型	不均衡突出型	加权平均型
体现权数作用	不明显	明显	不明显	明显
综合程度	弱	弱	强	强
利用评价矩阵 **R** 的信息	不充分	不充分	比较充分	充分

其中加权平均型算子对 **R** 的信息利用最充分,体现权重作用明显,本书采用该算子,其计算公式为

$$b_k = \sum_{i=1}^{n} w_i \times r_{ik}, \quad k = 1,2,3,4,5 \tag{4-7}$$

6. 评价结果向量分析

模糊综合评价结果是评估对象各等级模糊子集隶属度,由它们构成一个模糊向量。对模糊向量的分析常用的方法有最大隶属度原则、最大接近度原则、加权平均原则、模糊向量单值化等。考虑到保障资源评估不需要对多个评估对象排序,以简化评估流程为目的,选择最大隶属度原则分析结果向量。

假设保障资源评估的结果向量为 $\boldsymbol{B} = (b_1, b_2, b_3, b_4, b_5)$,其中,$b_k(k=1,2,3,4,5)$ 为相对评价等级 v_k 的隶属度。最大隶属度原则按照 $b_s = \max\limits_{1 \leqslant k \leqslant 5} b_k$,则最终评估对象属于第 s 等级。该原则由于损失信息较多,可能会给出不合理的评估结果。其有效性验证如下:

$$\alpha = \frac{p\beta - 1}{2\gamma(p-1)} \tag{4-8}$$

式中:β、γ 分别为 **B** 中最大分量与次大分量占各分量总和的比例(在本书中,由于各分量总和为1,因此 β、γ 分别表示最大分量与次大分量);p 为评价等级数,这里为5。当 $\alpha > 0.5$ 时,结果比较有效;当 $\alpha < 0.5$ 时,结果低效。

4.3.3　软件保障资源评估实例分析

现以某仓储信息管理软件为例,评估采用专家打分方式,选取参与该软件保障各项活动的保障人员数名、外部专家数名,共 10 人组成评估小组。

制定评估问题,根据指标分类和关键因素提出相适应的评估问题。评估问题的制定由评估小组在评估开始前集体讨论,依据影响软件保障工作完成的资源因素来确定;评估问题应该能充分反映保障资源在某项分类指标的满足程度;评估问题应该能够从软件文档或者相关人员处获得答案;评估问题应该针对具体的分类指标;每一项分类指标可以有多个评估问题。

例如,针对分类指标中的软件保障机构早期计划和范围指标,制定了四个

评估问题,其中一个评估问题如表 4-6 所列。

表 4-6　评估问题示例

指标	软件保障机构早期计划和范围
问题	早期部署后软件保障计划是否合适
调查: (1) 软件保障机构的早期选定与参与度。 (2) 软件项目组是否定期审查部署后保障计划,以确定计划是否实时更新。 (3) 计算机资源生命周期管理计划和综合后勤保障计划中是否包含部署后保障计划的相关想定以及软件保障机构的资源需求。 …… (7) 软件保障机构是否参与了计算机资源生命周期管理计划的制定	
缺陷及影响	
备注	

评估问题制定之后,评估小组成员分别以单独或分组的方式审查各类技术文档。部分需要审查的文档包括软件质量保证计划、软件配置管理计划、软件维护计划、软件测试计划、软件安全编程计划、软件保障机构训练计划、软件保障机构编程标准、软件更改申请指南、工作结构分解表、计算机资源生命周期管理计划、计算机资源综合保障文档、综合后勤保障计划及测试与评估管理计划等。在审查文档时,对于先前制定的一系列评估问题能在技术文档中找到答案的进行回答,无法找到答案或者答案不清楚的应当进行标记,以便在下一步的面谈中提问具体保障人员。

经过 1~2 周的软件技术文档审查之后,评估人员需要开始面谈软件保障机构的相关人员,主要面谈人员包括软件保障机构负责人、主要的软件工程师、软件质量保证负责人、软件配置管理负责人、软件保障机构的测试负责人、计算机相关资源管理负责人以及保障机构部分的编程人员。面谈的内容以制定的评估问题为主,通过面谈找到所有评估问题的答案,并填写问题结果与缺陷影响分析。

最后在所有评估成员都获得问题答案之后,评估成员根据答案分别独立对每个评估指标按照优、良、中、差、极差(分别对应 5、4、3、2、1 分)进行评估,其结果如表 4-7 所列。指标 j 的标准化权重的计算公式为 $w_{B_i} \times w_{C_j}$,其中 w_{B_i} 指 j 的上一级指标权重,w_{C_j} 指示指标 j 的权重。标准化权重的赋值方式,相对重要性最大的指标赋值 13[①],依次递减,相等的赋相同值。保障质量计算公式如下:

---

① 共 13 个指标,权重最大指标相对重要性赋值 13,依次递减,权重最小指标赋值为 1。

$$\sum_{k=1}^{5} \text{val}_k \times b_k \qquad (4\text{-}9)$$

式中:val_k 为第 k 级所代表的分数值;b_k 为第 k 级的隶属度。保障质量赋值方式
与标准化权重赋值方式相同。

表4-7 评分结果

指标	标准化权重,赋值	保障质量,赋值	优	良	中	差	极差
C_1	0.0506,7	3.3,3	0	0.5	0.3	0.2	0
C_2	0.1591,13	3.5,5	0.1	0.5	0.2	0.2	0
C_3	0.1591,13	3.5,5	0	0.6	0.3	0.1	0
C_4	0.0506,7	2.8,2	0	0.2	0.5	0.2	0.1
C_5	0.1591,13	4,10	0.3	0.4	0.3	0	0
C_6	0.0881,8	2.2,1	0	0.1	0.2	0.5	0.2
C_7	0.0904,10	3.8,8	0.2	0.5	0.2	0.1	0
C_8	0.0136,1	3.7,7	0.1	0.6	0.2	0.1	0
C_9	0.0432,5	4.1,11	0.2	0.7	0.1	0	0
C_{10}	0.0904,10	4,10	0.3	0.4	0.3	0	0
C_{11}	0.0432,5	4.5,13	0.6	0.3	0.1	0	0
C_{12}	0.0263,3	4.2,12	0.3	0.6	0.1	0	0
C_{13}	0.0263,3	3.7,7	0.1	0.6	0.2	0.1	0

经过计算得

$$B_1 = (0.0956, 0.4245, 0.2780, 0.1679, 0.0340);$$
$$B_2 = (0.2696, 0.4767, 0.1903, 0.0388, 0);$$
$$A = (0.1535, 0.4420, 0.2488, 0.1249, 0.0226);$$
$$\max(A) = \alpha_2 = 0.4472。$$

故按照最大接近度原则判定,该软件保障资源评估结果处于良。根据
式(4-8),有效性验证如下:

$$\alpha = \frac{5 \times 0.4420 - 1}{2 \times 0.2488 \times (5-4)} \approx 0.61$$

可见,$\alpha > 0.5$,结果比较有效,同时该结果与专家对该软件保障资源方面的
整体评估结果一致。

现以标准化权重为横轴,保障质量为纵轴,每个指标按照赋值后作象限图,
如图4-3所示。

象限1是保障机构在保障资源方面的优势区,该区域内,指标权重高,同时
专家评分也较高,保障小组在这些指标方面应当不断保持发展。

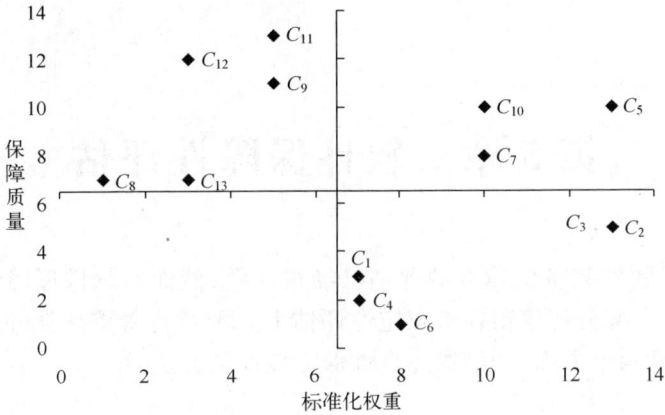

图 4-3　保障资源象限图

　　象限 2 是保障机构在保障资源方面的维持区,在该区域,指标权重较低,但专家评分结果高。从图中可以看出,处于该区域的主要是 B_2 下面的指标,说明该保障机构在实际资源配备方面做得较好。

　　象限 3 一般是保障机构容易忽略的区域,该区域指标权重低,专家评分也低。

　　象限 4 是保障机构需要改进的区域,该区域指标权重高,但是专家评分较低。该区域指标对软件保障影响较大,从图中可以看出处于该区域中的基本都是 B_1 下的指标,说明该软件保障机构对保障资源的管理与使用需要改进。

　　实例分析表明,评估方法具有有效性和可操作性。评估结果有利于保障机构及时调整保障方案,更新保障资源需求,降低军用软件保障的风险。

第 5 章　软件保障性评估

目前,对硬件装备保障性的评估已经很成熟,然而对软件保障性的评估研究相对较少,大部分还停留在专家定性评估上。本章将着重从软件保障资源与软件可维护性两个方面,详细描述软件保障性评估方法。

5.1　软件保障性评估模型

软件保障性评估涉及诸多因素,本书根据美军 AFOTEC Pam 99 - 102 系列手册,将软件保障因素分为三个部分,即软件保障资源、软件可维护性(在软件保障中主要指软件产品本身特性)和软件生命周期过程管理,如图 5-1 所示。

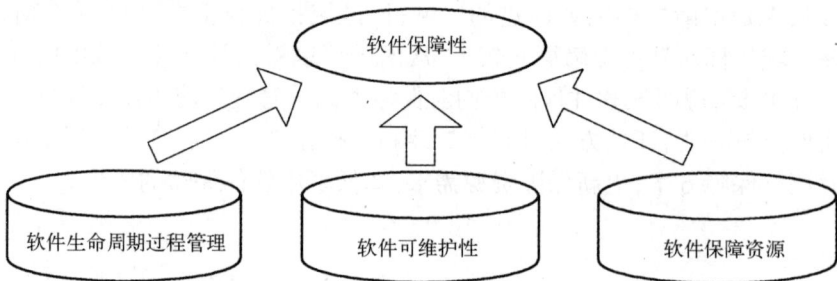

图 5-1　软件保障性模型

保障资源是为了使软件系统保持战备完好性与持续作战能力的要求所需要的全部物资和人员。一旦软件部署完成,系统的保障性就将主要取决于保障资源的充足与使用程度。在软件部署后需要一个软件保障资源评估结果来确定资源是否齐备、数量是否充足,通过这个结果及早发现软件保障资源的配备缺陷。

软件维护是软件生命周期的重要阶段,而且费用高昂。软件维护成本居高不下的原因:一是软件开发阶段缺乏对软件可维护性的认识,以完成任务为主,没有或较少考虑软件的可维护性;二是缺乏有效的可维护性评估方法,难以对软件开发过程提供有效的指导。

软件生命周期过程管理主要是指在软件保障过程中对策略、方法、人员、资源等的应用情况。本书采用文献［38］中提出的分类方法，将针对软件保障性目标而进行的主要管理因素归纳为两个方面：软件项目管理和软件配置管理。这两个因素在软件生命周期过程中通过一系列的活动进行体现，如软件开发、维护等。每个活动由一组事件、文档来表现活动达到目标的程度，但是直接对软件活动进行评估并不容易实现，因此，从活动中提取出可以表现两个管理因素的评估特性，通过对这些评估特性的评估来综合考量两个管理因素。根据该文献中的分类定义，软件项目管理评估由六个特性构成：计划、组织结构、设计方法、实现方法、测试战略和项目接口。软件配置管理基于四个特性进行评估：软件配置标识、软件配置控制、软件状态记录及软件审查。评估方法也采用该文献中提到的问卷调查法，主要通过一系列关于软件生命周期所有活动的问卷，分析得出软件生命周期过程管理的评估结论。

5.2　基于静态分析的软件可维护性评估

软件的可维护性好，则维护费用低；可维护性差，则维护费用高昂。因此对软件的可维护性进行评估具有十分重要的意义。现有的软件可维护性研究大多停留在定性层面，定量分析也主要依据专家打分的方式，有较多的主观因素，评估结果对软件研制单位和人员的指导性不强。本书基于软件静态分析得出的度量值，提出与可维护性相关的 22 个评估指标，对其进行了一致化处理。在此基础上，给出了指标权重系数的计算方法，并建立了可维护性评估模型。评估结果依据软件自身的属性信息，具有客观性和公正性。

5.2.1　评估指标体系构建

软件可维护性指为了纠正错误、改善性能和其他属性或者适应变化了的环境而对软件进行修改的难易程度，涉及软件的可分析性、可修改性、稳定性及可测试性，这四个方面分别与软件的部分指标相关。这里采用综合的方法，即不对可分析性、可修改性、稳定性和可测试性进行度量，而是从应用程序级、模块级和函数级三个层次提取出所有与可维护性相关的指标，对可维护性进行综合评估。

1. 应用程序级指标

对应用程序进行总体评估有很多指标，如程序总行数、注释行数、注释率、函数数量等，但大多数指标可细化到模块级和函数级进行度量，为避免同类指标重复度量，这里仅采用调用图深度、耦合系数、函数平均环形复杂度和注释率四个指标。指标说明及允许的范围如表 5-1 所列。

表 5-1 应用程序级指标

编号	指标名称	说 明	允许范围
x_1	调用图深度	反映整个软件的函数之间的调用关系	1~12
x_2	耦合系数	反映函数之间的耦合紧密程度	0.00~0.18
x_3	函数平均环形复杂度	反映函数的复杂程度,单个函数的环形复杂度一般小于10	1.00~3.00
x_4	注释率	注释行数和源代码总行数的比率	0.20~1.00

2. 模块级指标

模块这里特指单个源程序文件。模块的规模、注释行数、注释率、可执行语句数、类型数量、变量数量、导出函数数量以及导入模块数量等对软件的可维护性均有一定的影响。这里选择最能反映模块复杂程度及模块间关系的九个指标。指标说明及允许的范围如表 5-2 所列。

表 5-2 模块级指标

编号	指标名称	说 明	允许范围
x_5	模块声明数量	模块中声明的变量、常量和数据类型的总数	0~25
x_6	导出函数数量	模块中定义的非静态全局函数的数量	0~15
x_7	导出变量数量	模块中定义的非静态全局变量的数量	0~1
x_8	引用模块数量	模块内引用其他模块的数量	0~4
x_9	模块总行数	反映模块的规模	0~600
x_{10}	不同操作数的数量	模块中使用的不同操作数的数量	0~100
x_{11}	模块可执行语句数	包括 IF［ELSE］、SWITCH、DO、FOR、WHILE、GOTO、BREAK、CONTINUE、RETURN、THROW、TRY、ASM、表达式(简单语句)、函数定义和变量声明	0~250
x_{12}	声明的类型数量	模块中用 typdef、struct、class 或 enum 声明的数据类型的数量	0~5
x_{13}	声明的变量数量	模块中声明的全局和局部变量的数量	0~10

3. 函数级指标

函数一般作为静态分析工具的最小度量单位,其指标与软件可维护性关系密切。软件维护的实施最终要定位到函数层面,因此本书选择能反映函数复杂程度和函数间嵌套关系的九个指标。指标说明及允许的范围如表 5-3 所列。

表 5-3 函数级指标

编号	指标名称	说 明	允许范围
x_{14}	函数执行语句数	同模块可执行语句数	0~30

（续）

编号	指标名称	说　　明	允许范围
x_{15}	语句平均大小	函数中操作符总数和操作数总数之和与可执行语句数的比值	0.00 ~ 9.00
x_{16}	函数嵌套级别	函数调用自己或其他函数的嵌套层数	0 ~ 3
x_{17}	函数路径数	函数中非循环执行路径数。对顺序语句，$x_{17} = 1$；对循环语句 $x_{17} =$ 循环体路径数 + 1；对 switch 语句，$x_{17} =$ 分支路径数之和	1 ~ 80
x_{18}	调用函数数量	函数调用的不同函数的数量	0 ~ 7
x_{19}	参数数量	函数定义的参数的数量	0 ~ 5
x_{20}	不同操作数数量	函数中使用的不同操作数的总数	0 ~ 20
x_{21}	违反结构化程序设计的数量	非结构化语句的数量和函数出口数量之和。 （1）非结构化语句的数量：函数中 goto、break（不包含 switch 语句中的 break）和 continue 语句的数量。其值应该为 0，即不应该使用非结构化语句。 （2）函数出口数量：函数中 return 和 exit 语句的数量，其值应该为 1，即函数应该只有一个出口	0 ~ 1
x_{22}	函数词频	函数中使用的单词平均出现的次数，计算方法为操作数和操作符之和除以不同操作数和操作符之和	0.00 ~ 4.00

5.2.2　评估模型

1. 评估指标的一致化

上述应用程序级、模块级和函数级共 22 个指标，它们均为区间型指标，但静态分析工具产生的度量值也有所不同。对应用程序级的前三个指标，给出的是具体的计算值，而对模块级和函数级指标，则给出的是超出范围的模块或函数数量占总模块数量或总函数数量的比例。为了进行综合评估，需要对其进行一致化处理，这里均将其统一处理为极大型指标，范围为[0,1]，即指标值越大越好。

设有 m 个评估指标，引入指标向量：$\boldsymbol{x} = (x_1, x_2, \cdots, x_m)$。

对应用程序级前三个指标 $x_j \in [a_j, b_j]$，即 x_j 的值处于区间 $[a_j, b_j]$ 内部是可接受的，越远离该区间则越不好。但即使在区间内部，不同的度量值所反映的可维护性也有所不同，例如，对调用图深度指标，区间为 $[1, 12]$，值 1 和 12 均在区间内部，但两者的可分析性差异非常大，进而对应的可维护性也不一样，因此这里不进行区间换算，而是以到 a_j 的相对距离进行变换，以最大限度地反映程序之间的差异。按指标的定义，x_j 的值不会小于 a_j，因此按下式将其转换为极大型指标：

$$x_j' = 1 - \frac{x_j - a_j}{\max\limits_{1 \leqslant i \leqslant n} \{x_{ij}\} - a_j} \tag{5-1}$$

对应用程序注释率指标,由于静态分析工具给出的值已经是极大型指标,因此不进行换算。

对模块级和函数级指标 x_j,静态分析工具给出的值是极小型的,即值越小越好,因此按下式将其转换为极大型指标:

$$x_j' = 1 - x_j \tag{5-2}$$

2. 评估指标的权重系数

各个评估指标在评估中的作用是不一样的,即其权重系数不同。如果对 n 个程序进行度量,某个指标的度量值在各个程序之间的差异越大,则说明该指标的相对作用越大,为此,这里采用极差法来确定指标的权重系数,它可以客观反映指标在评估中所起的作用。

首先计算第 j 项指标 x_j 各数值的极差,然后作归一化,其值作为权重系数,即

$$w_j = \frac{d_j}{\sum\limits_{k=1}^{m} d_k} \quad , \quad j = 1,2,\cdots,m \tag{5-3}$$

式中: $d_j = \max\limits_{\substack{1 \le i,k \le n \\ (i \ne k)}} \{ |x_{ij} - x_{ik}| \}$, $j = 1,2,\cdots,m$。

3. 评估方法

理想情况下,经一致化处理后的指标 x_j 的值均为 1,即有一个理想的样本点 $(1,1,\underset{m\text{个}}{\cdots},1)$,将程序的一组评估指标值与该理想点进行比较,越接近于理想点,则可维护性越好。

设程序 i 的指标值为 $(x_{i1},x_{i2},\cdots,x_{im})$,定义其与理想点 $(1,1,\underset{m\text{个}}{\cdots},1)$ 之间的加权距离为

$$y_i = \sum_{j=1}^{m} w_j d(x_{ij},1) \tag{5-4}$$

式中: w_j 为权重系数; $d(x_{ij},1)$ 为 x_{ij} 与 1 之间在某种意义下的距离。这里取欧几里得距离,即令

$$d(x_{ij},1) = (x_{ij} - 1)^2 \tag{5-5}$$

则可维护性评估函数为

$$y_i = 1 - \sum_{j=1}^{m} w_j (x_{ij} - 1)^2, i = 1,2,\cdots,n \tag{5-6}$$

利用式(5-6)即可以计算程序 $i(i = 1,2,\cdots,n)$ 的可维护性,其值越大可维护性越好。

5.2.3 软件可维护性评估实例分析

利用 Logiscope 静态分析工具对 8 个软件项目进行度量,这 8 个项目来自军

内不同的软件研制单位,具有一定的代表性。度量结果如表5-4所列,其中应用程序级前三个指标列出了原始度量值和按式(5-1)进行一致化处理后的值,应用程序注释率指标不作变换,模块级和函数级指标只给出按式(5-2)一致化处理后的值。

表5-4　静态分析度量结果

类　别	指标	项目1	项目2	项目3	项目4	项目5	项目6	项目7	项目8
应用程序级	x_1	10 0	5 0.5556	7 0.3333	8 0.2222	8 0.2222	8 0.2222	6 0.4444	7 0.3333
	x_2	0.02 0.75	0.02 0.75	0.08 0	0.02 0.75	0.08 0	0.01 0.875	0.01 0.875	0.03 0.625
	x_3	1.63 0.7734	2.26 0.5468	3.67 0.0396	2.77 0.3633	2.98 0.2878	3.07 0.2554	3.78 0	2.16 0.5827
	x_4	0.17	0.68	0.2	0.17	0.33	0.21	0.32	0.17
模块级	x_5	0.8275	0.7638	0.7458	0.7455	0.8644	0.8012	0.6747	0.7792
	x_6	0.851	0.9779	0.8814	0.8182	0.8475	0.8864	0.8916	0.8831
	x_7	0.9804	0.9631	0.9831	0.9818	1	0.9331	0.9518	0.961
	x_8	0.8353	0.8782	0.7966	0.8667	0.8983	0.9189	0.9518	0.8701
	x_9	0.898	0.8487	0.8814	0.897	0.9322	0.8763	0.8313	0.8571
	x_{10}	0.8196	0.8303	0.7288	0.7636	0.7966	0.7282	0.6867	0.6883
	x_{11}	0.9529	0.9963	0.8814	0.897	0.9322	0.8966	0.8795	0.9221
	x_{12}	0.9608	0.8708	1	0.9879	0.9661	0.9939	0.6988	0.8571
	x_{13}	0.7961	0.9188	0.6949	0.7394	0.8814	0.6714	0.8193	0.8312
函数级	x_{14}	0.969	0.9489	0.8437	0.9734	0.8329	0.8535	0.8829	0.9448
	x_{15}	0.9888	0.9659	0.9876	0.9839	0.9526	0.9485	0.9527	0.95
	x_{16}	0.9827	0.9886	0.9256	0.9771	0.9576	0.9409	0.9459	0.9742
	x_{17}	0.9969	0.9915	0.9702	0.9901	0.9626	0.9642	0.9752	0.9838
	x_{18}	0.9268	0.9347	0.7618	0.9411	0.8429	0.7893	0.9482	0.9249
	x_{19}	0.9924	0.9972	0.9876	0.9786	0.9327	0.9539	0.9932	0.9742
	x_{20}	0.9201	0.8892	0.7593	0.9526	0.7307	0.7835	0.723	0.9058
	x_{21}	0.9273	0.8068	0.7146	0.8974	0.8853	0.6607	0.7793	0.9485
	x_{22}	0.9878	0.9773	0.9231	0.9802	0.9027	0.9324	0.8446	0.9566

按式(5-3)求出22个指标的权重系数:

w = (0.1032, 0.1625, 0.1436, 0.0947, 0.0352, 0.0297, 0.0124, 0.0288, 0.0187, 0.0267, 0.0217, 0.0559, 0.0459, 0.0261, 0.0075, 0.0117, 0.0064, 0.0346, 0.012, 0.0426, 0.0535, 0.0266)。

从指标的权重系数看,权重大于5%的指标依次为耦合系数、函数平均环形复杂度、调用图深度、注释率、声明的类型数量和违反结构化程序设计的数量。这一方面说明上述指标对软件可维护性有较大影响,另一方面也可以看出软件在上述六个方面的差异较大,其权重较大有利于对软件的可维护性进行比较。

按式(5-6)求出这八个项目的可维护性:

$$y = (0.8077, 0.9226, 0.5782, 0.7943, 0.6504, 0.7764, 0.757, 0.832)$$

从结果可以看出,这八个项目评估结果分布区间为$[0.5,1]$,且在该区间分布较为平均,说明提出的方法可以区分各个项目的可维护性;而从测评实验室反馈的情况证实项目1与项目2是错误率较少的两个项目,项目3与项目5错误率高,说明提出的方法具有有效性。

5.3 软件保障生命周期评估

软件生命周期过程管理是为软件开发和保障生命周期活动而对政策、方法、程序和指南的综合应用。针对软件保障性目标而进行的主要管理因素可以归纳为两个方面:软件项目管理和软件配置管理。评估这些主要因素特征以反映软件保障性。软件系统整个生命周期的评估重点在三个方面的活动中:采购、承包商开发和使用保障。每个活动通过一系列的事件、活动和文档体现,这些活动综合构成了软件生命周期管理过程。

5.3.1 软件项目管理评估

软件项目管理评估由六个特性或者称评估要素构成:计划、组织结构、设计方法、实现方法、测试战略和项目接口。下面定义这些要求,并讨论它们在评估过程中的应用。

1. 软件项目管理计划

采办、开发、测试、产品移交和使用保障计划的实施和有效调整,并达到令人满意的规范要求,能够提高软件保障性程度。对软件项目管理计划的评估能够说明其在生命周期中达到软件保障性要求的程度。

采办单位的主要计划文档包括程序管理指示(PMD)、程序管理计划(PMP)、测试与评估主计划(TEMP)、计算机资源生命周期管理计划(CRLC-MP)、开发测试与评估(DT&E)计划,以及使用测试与评估(OT&E)计划;开发承包商的主要计划文档包括工作状态报告(SOW)、软件开发计划(SDP)、软件配置管理计划(SCMP)、软件质量程序计划(SQPP)、软件标准与程序手册(SSPM)、软件测试计划(STP)、计算机资源综合保障文档(CRISD);使用保障单位的主要计划文档包括 TEMP、DT&E、OT&E 以及 CRLCMP。

一个好的计划应该包含对计划目标、计划实施采用的技术和方法、负责机构等内容的简洁描述。好的计划的最重要特征是在不同的计划文档之间进行信息集成,以达到最小的冗余,并满足各种计划的必须要求内容。计划的简明和信息详细水平非常重要,承包商定义的程序要求必须以某种符合质量测试要求的方式进行明确。例如,在 CRLCMP 中指出保障资源空间要求是 $4800m^2$ 是不合适的,必须说明这些空间在各保障职员中如何分配,在保障硬件空间、存储空间以及其他引用程序也可能需要详细的空间分配计划。

当软件系统具有各军、兵种之间互操作性要求时,适当的各军、兵种之间的接口计划以及接入活动应当明确,特别是软件保障计划。当开发项目承包商包括次级承包商时,管理次级承包商的计划以及次级承包商自己的管理计划也应该详细制定。

2. 软件项目管理组织结构

软件项目管理组织结构包括物理结构、功能职责、外部接口以及为延续软件生命周期阶段指派的人员结构等方面。软件项目管理组织具有正确的组织职责,能够保证和增强软件保障性。通过对采办、开发和使用保障阶段软件项目管理组织结构的评价可以反映软件保障性的水平。

采办单位必须具有保证整个生命周期阶段中每一个里程碑之间连贯性的组织结构。组织结构必须在全部活动中提供适当的信息发布和调整功能,组织元素必须提供项目审查(计划与政策)、配置管理、质量评价、项目评审与调整、测试与评估、职责移交等各项功能。

开发承包商必须按照工作需求提供在所有工程、开发单位和向部署后保障移交过程延续的组织结构,要为内部的配置管理、质量保证、测试和评估、产品开发以及保障合同内的保障行为设置适当的组织元素。

必须为使用保障机构设置一个项目管理组织机构,以满足采办、开发、制定相应的规章和指示等各项任务要求。各组织元素在开发阶段早期建立,以确保软件保障要求能够得到满足,并向部署后保障进行正确移交。

3. 软件设计方法

设计方法作为一个特性进行评估,以说明软件保障性已经被设计到了软件特性中。软件项目管理利用设计方法从以下方面提高软件保障性:遵循设计方法标准和规范,并通过质量保证确认;设计方法标准和规范能够向保障阶段移交;形成适当的反映保障性特性的详细设计说明。

采办过程定下的设计方法影响开发承包商的系统设计、具体功能的详细设计和目标要求。开发承包商设计方法应该根据内部标准和规范指南进行定义,并通过质量保证功能进行确认。这些方法将影响在要求和最终产品之间的可追溯性,影响软件产品模块性、可描述性、连贯性、简洁性、扩展性以及使用工具等特性。自动化工具作为开发设计和保障设计改革的一种辅助手段,是开发承包商设计方法的一个重要部分。

使用保障单位应该在采办要求详细说明中对设计方法进行定义,或者在低层次上用内部保障标准和规范指南进行定义。这些方法要和开发承包商使用的方法相接近,以便于实现软件设计过程向保障过程的转移。

4. 软件实现方法

软件项目管理过程通过实现方法在以下方面影响软件保障性:软件实现、编码、测试的方法选择以及被文档化的程度,遵循的标准,确定的质量保证规范,能够向保障过程移交的规范、最终产品的保障规范。

采办单位的实现方法要通过合同详细信息明确,并影响开发承包商开发时遵循的代码标准以及过程要求,能依据该标准过程对产品进行评审,以保证操作使用过程能够接受。

开发承包商的实现方法应该在内部标准和规范指南中说明,并被质量保证功能确认。这些方法将反映在开发团队的组织策略中。例如,主要的程序开发方法将提高需求分析、设计和产品开发的可追溯性。这些方法应该强调提高软件产品模块化、可描述性、延续性、简洁性、可扩展性和测试性等特性的技术。自动化工具支持有助于开发实现,软件的更改过程也是开发承包商实现方法的一个重要方面。

使用保障单位的实现方法应该在采办要求和其他诸如 CRLCMP 的保障文档中高度详细说明。特殊方法应该用内部标准和规范指南作进一步说明。这些方法和开发承包商使用的方法要非常相似,以确保软件实现向保障活动的移交。

5. 测试战略

测试战略规划如何提供成熟软件产品的移交手段,以及对那些软件保障期间的产品再测试的评估战略。软件项目管理利用测试战略从以下方面提高软件保障性:有详细的测试计划、描述、程序及其文档,并能向保障阶段移交;在保障阶段能够提供一个一致的、系统的过程验证和确认软件保障性要求已经得到满足。

采购单位的测试战略以文档的形式在 TEMP、DT&E 计划和报告中说明,在 OT&E 计划与报告、独立验证和确认(IV&V)。计划与报告中规定初步和正式的质量测试计划。采办单位的测试战略应该清晰地显示软件测试目的,以及和系统测试目标之间的关系、不同测试组织内的相关性,说明验收产品时什么测试需求优先进行。测试战略应该描述软件测试问题如何被记录、追踪、改正调整,以及结果如何传递给后续测试和最终保障组织。而且,要特别提出产品交付期间的测试战略。

开发承包商的测试战略在测试计划、程序和报告文档中说明。自动化的保障、个体模式测试、集成测试环境以及使用集成系统对测试的效果产生重大影响。使用这种工具的测试战略要有清晰文档，并要尽早向保障阶段移交。这些测试战略既要满足特征测试要求，又可验证详细说明要求。在不同的测试文档中，要规定相互兼容的方法，满足单元、模块和系统等不同级别水平的测试要求，并规定环境要求、组织职责和接口、风险和意外情况处理，以及采用、接受的标准。

使用保障阶段测试战略的文档内容与采办、开发承包商行为阶段的内容相似。在部署后，使用活动和保障活动测试战略要一致，尤其是对使用操作测试场所的要求。这种一致性应该反映到资源要求上，在诸如 TEMP、CRLCMP 高层次的计划文档，以及详细软件保障管理项目文档中明确提出。

6. 项目接口

评估项目接口为的是考虑软件保障时解决集成问题的效果，软件项目管理要有计划地考虑提高保障性接口的因素，如定义外部项目的组织管理和职责，并发挥相关人员的作用，通过采办、开发、操作和保障过程的密切衔接提高系统的费用效能。

5.3.2　软件配置管理评估

软件配置管理基于四个特性进行评估：软件配置标识、软件配置控制、软件状态记录、软件配置审核与评审。

1. 软件配置标识

配置标识评估是对控制基线如何标识的评估。例如，当某处存在多版本的特殊标识问题时，按照规则和标准，使用升级和配置更新的自动化保障工具能够将其编入基线索引。软件配置管理通过配置标识在如下方面提高软件保障性：按照软件文档规定的安装要求，正确标识各配置项、配置项的特性以及它们之间的关系。

采办单位要遵照现有的软件配置项标识的方针和原则，并确保承办商按照合约也遵照这些方针和原则。采办单位还负责利用方针和原则控制承办商，以保证正确标识功能基线、分配基线、开发基线和产品基线。

开发承办商要遵照配置管理合同要求，完善合同要求中包含控制软件基线配置标识标准和程序的软件配置管理计划，形成合同要求标识、内部配置标识的标准和程序。

使用保障单位负责延续与开发承办单位相同的配置标识要求。此外，还负责一定的采办单位的控制职能。CRLCMP 是主要的使用保障单位软件配置管理计划。

2. 软件配置控制

配置控制评估是要对如何控制功能基线、分配基线、开发基线和产品基线的更改进行评估。评估的部分包括控制程序和格式的适应性、该程序向保障单位移交的能力、对配置控制有关接口控制的适当性、保护差错更改和辅助更改决策的自动化工具的使用情况。软件配置管理通过配置控制,在控制环境中,对软件基线产生、管理和实现更改决策而影响软件保障性。

采办单位通过系统配置控制组决定记录开发软件基线更改。任何要求功能基线、分配基线或产品基线的更改必须由采办配置控制组提出,由项目办公室配置管理部门决定,通常由开发承办单位实施完成。

开发承办单位对软件产品基线更改做出决定(在采办代理做出正式的产品基线之前)。这种更改的管理通过内部配置管理组织完成,由项目软件人员实施。对功能和分配基线的更改指导在采办代理之后进行。此外,功能基线、分配基线、产品基线的更改由开发承办单位实施。必须建立各参与项目承办单位之间的接口,以保持开发产品恰当的配置控制。

使用保障单位负责完成所有来自开发承办单位的更改请求。为使移交更容易进行,一些程度的配置通常在此之前由保障单位完成。CPLCMP 是使用保障单位软件配置管理的首要计划文档,也可能存在使用、保障命令与活动或是低层次的代理规则。

3. 软件状态记录

状态记录评估是对软件基线更改如何跟踪和报告、自动化工具保障跟踪的能力大小,以及状态记录在组织成员间交换信息接口的效率等进行评估。软件配置管理通过使用状态记录、配置索引和更改状态报告、记录和报告配置项的配置标识及更改来提高软件保障性。

采办单位负责对基线开发状态的管理。状态记录给采办单位提供基线配置及其更改的可见性和跟踪能力。项目办公室配置管理机构使用状态记录报告,保持正式基线,并执行系统配置控制组的功能。

开发承办单位使用状态记录信息(配置索引和更改报告)实现内部管理的可视化和跟踪能力,以及外部的政府报告要求。

使用保障单位使用状态记录信息,协调涉及分布广泛的多个机构的软件维护任务,实现日常的内部管理可见性及进行状态更改。

4. 软件配置审核与评审

软件配置审核与评审是对原则和标准的坚持程度的评估,以及对计划、行为、结果和审核与评审的相关性的评估。软件配置管理利用配置审核与评审实现合同要求的软件基线的功能配置和物理配置以提高软件保障性。

采办单位负责正式的功能配置、物理配置的审核与评审的准备和批准,以及正式的资格评审。

开发承办单位负责正式配置审核与评审的准备、操作与帮助。此外，关于开发基线的内部配置审核应该定期进行，为配置标识控制、状态记录的正确决策和最终配置信息的一致性提供保证。

使用保障单位负责在使用保障前正式审核与评审管理，以及使用保障后更新基线配置审核与评审的准备和管理。CRLCMP 是首要的使用保障单位软件配置管理计划文档。

第6章　软件保障费用估算

美国1990财年国防部计算机预算中,计算机硬件56亿美元,软件256亿美元。软件生命周期费用比例:软件开发30%,软件保障70%。生成一行代码的平均费用约为75美元,而在开发后期或软件交付后修改一行代码的平均费用为400美元[39]。2004年,美军单独用于软件保障的年度费用就已经高达200亿美元以上,而且这个数目还在逐年不断增加[40]。

软件保障费用成为现代武器系统生命周期费用的重要组成部分。因此,研究软件保障费用估算方法对于合理安排软件保障费用、有效控制保障费用增长和延长软件装备寿命具有重要意义。

6.1　部署后软件保障模型

软件过程建模分析是一种识别软件保障过程及其相互关系的技术,用来帮助识别软件保障任务和相关的资源需求。根据我军军用软件保障体系,结合美军军用软件保障手册,软件部署后保障模型如图6-1所示。

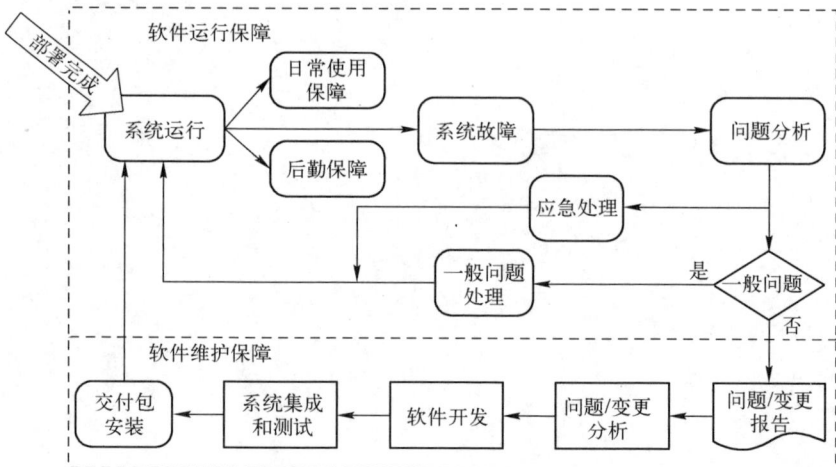

图6-1　部署后软件保障模型

软件运行保障的各项活动是在软件运行期间实施的,主要依据软件操作手册等文档中规定的内容组织进行。在保障过程中,软件运行保障主要包含两种情况：一是在软件正常运行情况下对软件进行的日常管理，包括运行环境优化、垃圾信息处理以及设施设备的日常维护等；二是在软件正常运行受到影响的情况下，对出现问题的处理，这些工作通常由部队初级技术人员完成，主要包括：对问题报告进行分析，确定问题是否与软件系统有关，能否通过改进操作过程和调整运行环境来解决，必要时还需要同专业人员共同进行软件更改分析并形成文档，然后向上级报告。

软件维护保障是指软件出现代码错误，或者软件需要增加新的功能等情况，需要更改软件源代码，同时基层级的保障团队无法完成保障任务，就应当交由专业的保障团队来完成。这个过程可以由军队内部保障团队完成，也可以交由地方软件开发机构来实施。

6.2　基于 WBS 的软件运行保障费用估算

从图 6-1 可以看出，软件运行保障主要包括三个部分：

（1）软件的日常保障，即对软件运行所需的设备设施及运行环境进行的保障，例如，在任务执行时为系统提供任务数据，优化运行环境等。同时由于军用软件的特殊性需要在软件运行期间保证安全无事故，没有失泄密。

（2）后勤保障，即为软件保障后勤资源方面的保障，例如，计算机相关资源管理、软件退役处置等。

（3）问题维护，即当系统遇到故障时，及时分析故障是否能够通过改进操作过程和调整运行环境等简单方式来解决，是否需要向专门的软件保障部门请求软件保障需求，并记录系统故障状态、撰写故障报告等。

软件运行保障基本处于基层级保障，即软件的运行保障活动都发生在软件使用单位。基层级保障是软件使用人员或者部队团以下维护分队进行的维护，完成对软件功能的检查、常见故障的排除、软件有关数据的更新及有关属性设置等。运行保障技术人员应具有初级技术水平或初级程序员资格，并且配备基本的软件调试工具。基层级的保障属于初级保障工作，要求快速、简单，遇到不能处理的问题，经分析后应立即上报。在基层级，由于无法拿到与软件保障至关重要的源代码，加上基层级软件保障人员的技术限制，因此，基层级的保障工作基本是重复性的简单工作。软件运行保障工作通常由专门的士官和技术军官组成的团队来完成，由于软件的运行保障是一项长期不间断的工作，因此，基层软件保障人员对于基层级的软件运行保障有丰富的保障经验，让保障人员根据相关保障经验来估算运行保障费用，过程简单、精确度高。

基于上述原因，采用工作分解结构（Work Breakdown Structure，WBS）对软件运行保障费用进行分解，构建的分解结构如图 6-2 所示。

软件运行保障费用 C
- 日常使用保障费
  - 使用保障设备费 C_1
  - 使用保障设施费 C_2
  - 使用资料费 C_3
  - 使用人员工资费 C_4
  - 使用人员培训费 C_5
- 问题维护费
  - 维护工具费 C_6
  - 维护人员培训费 C_7
  - 维护人员工资费 C_8
- 后勤保障费
  - 资料存档费 C_9
  - 管理及其他费 C_{10}
  - 退役处理费 C_{11}
  - 计算机相关资源 C_{12}

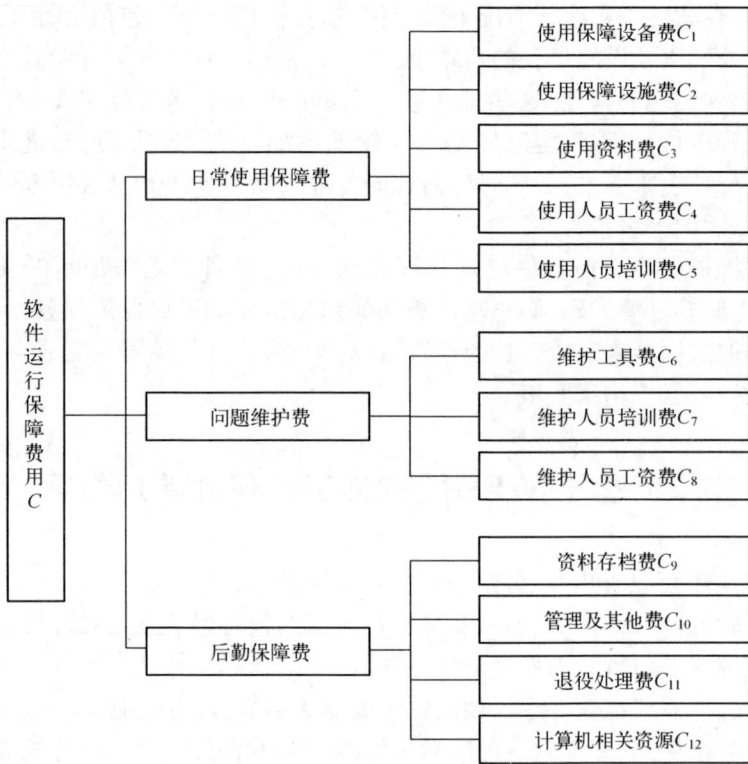

图 6-2　运行保障费用分解结构

运行保障产生的费用可以归纳为人工费、设施设备费、材料费、管理费及其他费用。

人工费主要有分析人员、问题处理人员、日常操作维护人员、后勤人员等所产生的费用,包括工资、奖金、培训等一般性费用。在基层级软件保障中,很多人员身兼多职,可能既是问题分析人员,也是问题处理人员,既是日常操作人员,也是定期维护人员。

材料费指存放软件保障完成时的升级包、磁盘、光盘、包装物等所支付的费用,这部分费用在保障总费用中所占比例较少。

管理费及其他费用包括软件运行保障中所产生的资料费、办公费、水电费等。

设施设备费包括为软件正常运行提供运行环境、相应硬件设备及软件保障工具的购置等产生的费用。

将运行保障所产生的费用分解之后,把每个基本的费用单元交由保障工作的负责人来估算。保障人员被分配到各项保障工作中,能够根据自身的经验,参考当时的市场价格,对所从事的工作产生的费用做出更细致的分解。例如,对于使用人员工资费,软件的使用人员可以根据具体情况,将其分解为工资、奖金、福利等更加细化的费用单元。

最后根据以下公式可以估算出整个软件运行保障所需要的费用,即

$$C = \sum_{i=1}^{12} C_i \qquad (6-1)$$

6.3　基于 COCOMO Ⅱ 的软件维护保障费用估算

软件维护保障与软件的更改密切相关,具体涉及软件更改的工作量大小、更改的难易程度、更改的频率等。软件的更改是对原软件的一次再开发过程,因此采用软件开发费用估算的参数模型估算,这里采用构造性成本模型 COCO-MO Ⅱ[41,42]。

6.3.1　COCOMO Ⅱ 模型介绍

假设用人月 PM 表示工作量,Size 表示对工作量呈可加性影响的软件模块的功能尺寸的度量,通常用千源代码行来表示,EM 表示影响软件开发工作量的乘数,A 为校准因子,E 表示对工作量呈指数或非线性影响的比例因子,则工作量计算表达式为[43]

$$PM = A \times Size^E \times \prod_{i=1}^{n} EM_i \qquad (6-2)$$

E 又可以表示为

$$E = B + 0.01 \sum_{j=1}^{5} SF_j \qquad (6-3)$$

式中:B 为规模校准因子;SF 为规模比例因子。

软件部署后保障处于软件开发完成阶段,软件体系结构已经建立,故采用 COCOMO Ⅱ 中的后体系结构模型。该模型基于源代码行以及 5 个规模因子、17 个工作量乘数因子。

通过以上描述可以看出 COCOMO Ⅱ 模型涉及的相关因子总数达到 22 个,具有一定的复杂性,如果对 22 个因子均进行数据采集,可以得到较为准确的估算结果,但是估算的准确性带来的收益可能远不及为收集大量数据而进行的投入。因此军用软件保障费用估算,应尽量简化,以我军军用软件保障现状为基础,将相互关联的因子压缩;取消那些对军用软件保障具有相似值的因子,采用该因子在我军军用软件保障环境下的一般估值,以保持模型的简单可用。

6.3.2　COCOMO Ⅱ 的简化改进

军用软件保障越来越受到重视,但是由于发展起点低,我军与外军相比仍

存在着相当的差距。

（1）我军在装备采购时，只将软件看作装备的附件，没有考虑到软件的特殊性，对于软件的研制、开发、管理都归纳到装备的研制、开发、管理中，缺乏独立的合同、研制任务书及管理计划等[44]。

（2）软件配置不全，维护工作难度大。软件开发过程中配置项目不全，最后提交的软件产品仅仅是源程序而缺少配套的文档，或者有文档却与源程序不完全一致。由于缺乏文档资料，程序代码的理解相当困难[45]。

（3）保障模式单一。我军现有的军用软件维护保障基本模式还是按照谁开发谁保障的对口保障模式[12]。

（4）人员分工不明确。在软件保障机构，人员分工相互交叉，常常分析员也是程序员，开发人员有时也负责测试工作。

（5）保障人员积极性不高。主要是因为保障工作易受挫折，被看作毫无吸引力[46]。

（6）机构以中小型为主，位置分散，缺乏大型项目保障经验。军用软件时常涉及不同地区多个开发单位，有时开发单位与测试单位，或者开发单位相互之间距离过远，沟通不畅。

根据我军军用软件保障现状，对模型进行本地简化改进。其中规模比例因子共5个改进，如表6-1所列。

表6-1 规模比例因子本地化改进

规模比例因子	改进	原因
先例性（PREC）：以前是否开发过类似的项目	取高值 1.62	软件保障是在原有软件的基础上做出相应的修改，需要创新的结构与算法相对较少
开发灵活性（FFLEX）：软件性能与已经建立的需求和外部接口规范的一致程度	保留	项目的固有属性
体系结构/风险化解（RESL）：通过风险管理衡量项目的风险及建立体系结构的工作量	取高值 1.69	软件保障活动基本不会对软件的体系结构做出大的改动
团队凝聚力（TEAM）：团队运作经验、熟悉性、协调等的人员管理情况	保留	保障项目组的固有属性
过程成熟度（PMAT）：围绕 CMM 来确定	取低值 4.54	国内大多数军用软件生产商，即软件保障机构，如军队院校、军队科研所，均没有通过 CMM 认证

简化后的规模指数为

$$\begin{aligned}
E &= B + 0.01(\text{PREC} + \text{FLEX} + \text{RESL} + \text{TEAM} + \text{PMAT}) \\
&= B + 0.01(1.62 + \text{FLEX} + 1.69 + \text{TEAM} + 4.54) \qquad (6\text{-}4) \\
&= B + 0.0785 + 0.01 \times (\text{FLEX} + \text{TEAM})
\end{aligned}$$

成本驱动因子体现了项目的特征以及组织的差异,某些成本因子,可以根据军用软件保障特定的环境,以其普遍值来代替。

(1) 软件可靠性(RELY)。该因子描述拥有极高可靠性的需求对项目的影响。军用软件由于其应用的特殊性,要求极高的可靠性,故取该因子的极高等级工作量乘数 1.39。

(2) 需求文档编制(DOCU)。该因子描述文档符合生命周期需求规模的程度,文档是否完备。为了有利于下一步的保障,要求软件文档齐全并符合相关规定,故取该因子的高等级工作量乘数 1.06。

(3) 执行时间约束(TIME)。这是对强加到软件系统上执行时间约束的度量。其等级是由系统或子系统预期消耗的执行时间资源与可用时间的百分比来表示。军用软件要求系统的反应快速,但并未有相关具体规定。大部分软件保障机构也没有相关措施保证执行时间,而且现阶段,计算机硬件发展很快,计算速度已经不再是重要约束条件,故取标准值 1.00。

(4) 主存储约束(STOR)。其等级代表施加到软件系统或子系统上的主存储约束的程度,取标准值 1.00,理由同 TIME 因子。

(5) 平台易变性(PVOL)。描述软件产品调用的硬件和软件平台的变更频繁程度。军用软件要求稳定性强,因此非武器更新换代,一般硬件平台与软件平台不会改变,故取低等级工作量乘数 0.87。

(6) 软件工具的使用(TOOL)。描述软件生命周期工具与过程、方法、复用的集成程度。军用软件的开发单位,对软件开发工具的使用并不频繁,使用的也是一些相对简单的软件开发工具。在软件保障过程中,保障环境基本与开发环境一致,故取低等级工作量乘数 1.12。

(7) 可复用开发(RUSE)。该因子说明构造可在当前或未来项目中能复用的组件所需的额外工作量。软件保障在一次保障活动之后,很有可能还会出现类似的保障要求,故取低等级工作量乘数 0.91。

(8) 人员连续性(PCON)。该因子描述项目的年人员周转率。国内的地方软件开发公司人员流动率处于高水平,但是参与军用软件保障的机构一般为军内机构或者军工企业,人员流动率相比地方软件开发公司低。因此,该因子取标准值 1.00。

(9) 所需的开发进度(SCED)。该因子度量施加在软件项目组上的进度约束。进度约束对工作量的影响尚不明确,且国内项目超期现象普遍存在,故取标准值 1.00[47]。

对于军用软件保障,由于大多数时候保障人员常常身兼多职,而且保障分工过于细化,不便于保障工作的进行,应将其合并,合并的成本因子如表 6-2 所列。

表 6-2　合并的成本因子

成本因子	改　　进	原　　因
分析员能力(ACAP):分析员是从事需求分析、高级设计和详细设计的人员。等级中考虑的主要是分析人员的分析和设计能力以及交流和协作能力	合并为人员能力因子PAP。其各等级工作量乘数取值为相应 ACAP、PCAP 值的乘积	对软件保障而言,一般人员分工并不明确,分析员常常也兼任程序员
程序员的能力(PCAP):评价时应该基于程序员作为小组的能力而不是作为个人的能力,分级时考虑编程能力以及交流和协作能力		
应用经验(APEX):描述项目组开发软件系统或子系统的经验级别	合并为经验因子 EXP。其各等级工作量乘数取值为相应 APEX、PLEX、LTEX 值的乘积	因为具体的细化保障人员在各方面的经验,会加大估算的复杂程度。为了简化估算过程统一合并为经验因子
平台经验(PPLEX):描述项目组在图形用户界面、数据库、网络和分布式中间件等方面的经验级别		
语言和工具经验(LTEX):对项目组用于开发软件系统或子系统的编程语言和软件工具的经验度量		

某些因子对军用软件的保障成本影响较大,作用应增强。

多点开发(SITE)因子描述项目组成员地理位置分布以及由此带来的交流难度对工作量的影响。军用软件规模比较大,常常是由几个在不同地区的单位共同研发,最后组成一个大型系统。因此软件的保障工作也会涉及各个单位。而且,由于军队保密性等特殊要求,导致各单位之间的交流存在限制,交流不畅通。为了防止失泄密,常常需要人员携带资料,面对面交流。因此,该因子对军用软件的保障工作影响比较明显,将该因子的等级量化描述和工作量乘数加以调整以反映这一行业状况。增强的成本因子如表 6-3 所列。

表 6-3　增强的成本因子

因子等级	很低	低	正常	高	很高	很高
量化描述	不同城市,人员仅仅通过电子邮件、电话交流	不同城市,人员跨城市面对面或者电话交流	同城,电话、视频等交流	同公司,多种交流方式	同公司,同地方,能够很方便地面对面直接交流	同公司,同地方,完全无障碍沟通
工作量乘数	1.38	1.21	1	0.85	0.75	0.7

保留的成本因子包括数据库规模(DATA),该因子描述数据库大小,通过公式数据库规模(Bytes)/程序规模(SLOC)来量化[48];产品复杂性(CPLX)因子描述产品本身的实现复杂程度。

简化后的公式为

$$\mathrm{PM} = A \times \mathrm{Size}^E \times \prod_{i=1}^{n} \mathrm{EM}_i$$

$$= A \times \mathrm{Size}^E \times (1.3927 \times \mathrm{CPLX} \times \mathrm{DATA} \times \mathrm{EXP} \times \mathrm{PAP} \times \mathrm{SITE})$$

$$(6\text{-}5)$$

6.3.3　实例分析

现有某部队仓储管理软件,根据专家估计年平均代码更改约为 10KLOC。通过项目历史数据校准,采用回归分析[49],得到 $A = 1.0417$,$B = 0.9469$。根据项目情况,对相应因子的取值为,FLEX = 2.43,TEAM = 1.98,CPLX = 1.15,EXP = 0.75,其余因子取标准值。在该二次开发中软件维护人员也是软件开发人员,工时费率为 $r = 5000$ 元/(人·月)。

根据式(6-4)和式(6-5),软件年度维护保障工作量为

$$\mathrm{PM} = A \times \mathrm{Size}^E \times \prod_{i=1}^{n} \mathrm{EM}_i$$

$$= 1.0417 \times 10^{0.9469 + 0.0785 + 0.01 \times (2.43 + 1.98)} \times (1.3927 \times 1 \times 1 \times 1.15 \times 0.75 \times 1)$$

$$\approx 14.7$$

年度维护保障费用为

$$C = \mathrm{PM} \times r$$

$$\approx 73500$$

已知该软件某年用于维护保障的经费拨款为 90000 元,误差为 18.33%,一般情况下估算误差在 20% 以内均属于可以接受范围内。书中提出的方法对军用软件保障成本估算具有很好的参考价值。本方法建立在一定的历史数据基础上,适用于有长期保障经验的军用软件保障机构,有利于军用软件保障费用的合理分配,降低军用软件保障的风险。

第7章　软件日常维护方法

软件部署运用之后,不可避免地会出现各种各样的问题,目前许多软件使用单位的做法是联系软件研制方,由其派技术人员解决。这种做法一是严重滞后,二是难以满足战时需求。实际上,掌握软件日常维护方法,使用单位是能够保障软件的正常运行的。许多导致软件失效的问题都与软件的安装、配置以及环境相关,一线使用与维护人员对这些问题都应该能够解决。本章从人员培训、安装与卸载、备份与恢复以及常见软件运行问题的处理等几个方面来讨论软件的日常维护问题。

7.1　人员培训

军事信息系统和软件密集型装备都需要高素质的人才队伍来驾驭,没有一批熟练掌握军用软件功能、性能,会维护、懂管理的骨干队伍,将直接影响装备形成战斗力的进程。目前,基层部队软件维护人员文化技术水平严重滞后于武器装备中软件的发展水平,专业技术教育训练滞后于业务技术知识更新的要求,并已成为制约我军装备软件保障综合能力提高的重要因素。因此,必须建立一支素质好、水平高、专业齐全、结构合理的军用软件日常维护专业技术人员队伍。

首先,疏通软件维护技术人才的来源渠道。一是采取引进院校和科研机构的优秀专业人员到部队担任技术干部的方法,缓解部队对新型武器装备软件维护人才的急需。二是选送技术官兵,把那些热爱装备软件保障专业、文化基础好、军事素质过硬的战士或军官选拔出来,送往上级培训机构进行系统培训。变单一培养人才为多方吸纳人才,与科研院所签定人才培养协议,采取送学培养、分期轮训与交叉换岗相结合等办法,培养一专多能人才。三是急需的特殊人才可从地方招聘,广开人才来源渠道。同时制定人才交流的具体政策和管理办法,打破建制、专业分工的界限,把一批经验丰富的老技术尖子与具有新知识、懂高科技的年轻专业技术人员搭配组合在一起,互帮互学共同提高软件保障能力,并使之制度化、规范化。

其次,强化软件日常维护人员的技术培训。将人员培训分为提前培训、上岗培训、定期培训。

1. 提前培训

在软件部署前安排相应的技术人员去软件开发机构或科研院所熟悉和掌握列装的装备软件的安装、卸载、重部署、日常维护、使用操作等技能,掌握常见的故障排除方法。对武器装备软件技术人员进行提前培训,能够让软件维护人员及早掌握装备中的软件相关信息,这样,一旦装备配备部队,就可以在较短的时间内,形成基层级保障能力。

2. 上岗培训

上岗培训是在软件部署完成之后进行。上岗培训可采取"请进来"的办法,请软件开发机构或专业软件保障机构技术人员到现场对操作人员及相关技术保障人员进行业务技能培训,同时要求操作人员努力钻研业务,能正确操作装备软件,能准确及时地填写运行记录,及时发现和反映装备软件故障状况。

3. 定期培训

定期培训应当在软件运行一段时期之后,可以请专业技术人员进行现场培训,也可以组织技术骨干去科研院所或保障机构进行学习。定期培训时,参与培训的技术人员应当结合在实际工作中出现的各类问题,有目的地学习装备软件日常维护保障知识。

在软件日常运行过程中的维护,不是要求使用人员和维护人员修改完善软件,而是要求他们通过培训掌握软件的功能、性能以及配置要求等,同时掌握软件及配套硬件设备的操作规程,即把软件作为装备来看,要使它们发挥最大效能,就必须熟悉它们的习性。目前,部队的一些军事信息系统和软件密集型装备的使用人员存在一个认识误区,即在操作软件系统的过程中一旦出现这样那样的问题,就认定该软件不好用,以后尽量不用或者少用,这非常不利于软件装备战斗力的发挥。所以,要通过各种培训提高操作人员和维护人员的素质,严格遵循操作规程,使软件发挥其最大效能。要知道软件是用不坏的,而且常规的功能、性能一般都通过了严格的测试,可靠性相对较高,所以要多练多用,熟能生巧。此外,软件也必然会存在缺陷,这是难以避免的,例如,随着运行时间的延长,其内存空间和性能都会发生变化,进而出现各种异常情况。这些问题操作人员是修改不了的,但是要能够使软件从故障状态下恢复到正常工作状态,例如,查阅配置情况、网络连接情况,甚至重新安装配置系统,总之其职责就是要保证软件的正常运行,而无论其内部是否存在缺陷,就如同战场上车辆受损只要不影响主要功能仍然要履行职责一样。

7.2　安装、卸载与恢复

军用软件的安装、卸载与恢复是保证其正常运转的基础。有些软件的安装较为简单,执行安装程序即可,有些则较为复杂,需要进行大量的配置和调试工作。无论是简单的软件还是复杂的软件,其安装、卸载都必须遵循一定的规程。

1. 软件安装

软件配发之前,软件接收单位,应当做好软件安装的准备工作。例如,软件运行环境的布置,相关设施、场地的安排,相关技术人员的编配、培训等。

软件一般通过卫星传送、有线传送、战术系统传送、战区机动的复制和分发系统等多种方式进行快速配发。软件配发完成之后,应当由专业的软件保障人员进行软件的安装演示,并对部队的软件日常维护技术人员进行软件的安装、卸载、恢复的培训。

软件安装的同时,部队的技术人员应当同时接收软件的相关技术文档。对软件维护来说,技术资料的重要性比硬件更突出。对于军用软件维护,除了各类软件文档,还要有软件综合保障计划、投入使用或部署计划、保障转移计划和战场系统用户手册等。

对于软件的安装,要做好以下工作:

(1)检查技术资料的完整性、有效性和可理解性。相关的文档包括用户使用手册、软件维护手册、软件安装说明等。重点了解对硬件环境的配置要求、软件环境的配置要求以及软件的安装和配置规程。

(2)按照技术文档要求,准备硬件和网络环境并完成调试,如硬件设备是否工作正常、网络连接是否正常。

(3)按照技术文档要求安装和配置软件环境,包括操作系统软件、数据库软件、工具软件以及配套使用的其他应用软件。

(4)按照技术文档要求安装和配置软件,安装一般比较简单,但配置相对复杂一些,如系统环境的配置、名录的配置等。所有这些操作应该按照技术文档的要求一步一步进行。

(5)安装完成之后,要按照用户手册对各项功能进行调试,如发送方的命令发送是否成功,接收方是否确实收到,确保软件能正常运行。

2. 软件卸载

当软件需要更新或者出现严重问题需要重新安装配置时,首先需要进行软件的卸载。卸载操作也要遵循一定的规程,不能随意卸载,主要是做好以下工作:

(1)注意保存软件的运行历史数据。软件运行的历史数据主要有两个作用:一是对以后相似软件的开发、保障等具有一定的价值,应当保存,留作参考资料;二是在重新安装之后恢复到卸载前的数据环境,由于工作的连续性,历史数据的重要性是不言而喻的,如果不保存和恢复历史数据,则有些损失是难以弥补的。

（2）涉密资料的处理。软件卸载之后,如果有软件运行产生的相关涉密资料则需要上交或销毁,应当交由专门的涉密资料管理部门处理。如需留档,应当按照部队涉密资料保存相关规定执行。

（3）如果仅仅是软件更新,后续还会有新版本的软件部署,那么在软件卸载时应当保护软件的运行环境,对软件的历史数据、故障记录等应当及时保留,因为新版本的软件部署之后可能还会用到这些数据。旧版本软件卸载完成之后,及时为新版本的软件部署准备环境及相关设施。

（4）软件卸载不是简单的删除操作,而是要按照一定的规程进行处理,有些软件卸载不彻底,会导致重新安装失败。在极端情况下,还需要考虑重新安装操作系统、数据库软件及其他相关软件。

3. 软件恢复

当软件出现故障或有其他必须进行软件恢复的情况时,可以进行软件恢复操作。恢复操作指的是软件从故障中或者人为中断中恢复,继续任务。在恢复之前,应当为软件继续运行准备好任务环境、任务数据。恢复任务之后,技术人员需要及时记录软件故障原因或中断原因,并在装备使用记录中注明本次中断与恢复操作。

7.3　数据备份与恢复

数据是软件运行的核心,如何科学有效地管理和维护数据,确保数据的完整性和安全性,是软件维护的重要组成部分。

目前,软件数据面临的主要威胁包括:软件和硬件环境出现意外,如磁盘损坏、系统崩溃等;对数据的不正确访问,引发数据错误;未经授权地非法修改数据信息,使数据失去真实性、可用性;通过网络对数据进行未经授权的窃取、非法访问,破坏数据的完整性、可靠性。

数据备份是软件运行期间数据环境在某个时刻的状态,可通过制作数据结构和数据的备份来予以保存,当数据遭到破坏时用来修复数据。在进行备份前必须指定或创建备份设备,备份设备是用来存储备份数据的物理存储介质。备份设备可以是硬盘、磁带或光盘等。一般备份设备和软件运行设备是不同的,以避免软件遭到破坏时,备份设备同时被破坏。备份之后应当做好标记,记录该数据备份是何时、何种状态下做的,以便之后数据恢复时区分不同备份文件。

数据备份之后,当数据发生了错误,软件无法自动调整到正常运行状态时,就可以从备份文件中恢复数据。数据恢复是指将备份数据加载到系统中的过程,在恢复过程中,应当执行安全性检查,重建数据结构和数据内容。

数据的备份和恢复是软件运行之后,日常维护中最重要的工作之一,技术人员应当针对不同的应用制定不同的备份计划,以保证一旦发生故障,能尽快将数据恢复到某一状态,并尽可能减少对数据的破坏。

要做好数据的备份与恢复工作,还需要注意:

(1)数据的备份与恢复操作要严格遵照操作规程,尤其要做好标记和记录;

(2)上级部门或软件使用单位要制定详细的管理规定,明确备份的周期、责任人、保管人等;

(3)备份的数据要使用指定的存储介质,涉密数据要按保密规定存储和保管。

7.4 软件运行问题处理

由于软件运行环境是动态变化的,加上软件自身的原因,完全不出问题几乎是不可能的,软件日常使用和维护人员要熟悉软件的运行特点、问题出现的原因以及处理措施。不要求他们修改软件缺陷,但要具备使软件从故障状态恢复到正常状态的能力。

7.4.1 软件运行失效原因分析

软件失效,就是指软件出现以下三种情况:

(1)功能部件执行其功能的能力丧失;

(2)系统或系统部件丧失了在规定的限度内执行所要求功能的能力;

(3)程序操作背离了程序要求。

在实际的应用中,软件失效表现如下:

(1)死机。软件停止输出或软件对输入不发生响应。

(2)运行速度不匹配。数据输入或输出的速度与系统的需求不符。

(3)计算精度不够。某一或某些输出参数值的计算精度不合要求。

(4)输出项缺损。缺少某些必要的输出值。

(5)输出项多余。软件输出了系统不期望的数据/指令。

导致软件失效的原因是多种多样的,最根本的原因是软件存在缺陷,在软件生命周期的各个阶段,如需求分析、设计与编码、测试与系统集成等都可能引入缺陷,这些缺陷的修复是后续保障任务。对于一线操作人员和保障人员而言,可以不考虑软件内在的原因,但要能够分析在运行时的哪些操作导致了失效,进而在以后的工作中避免类似问题的发生。在软件部署运用阶段可能造成失效的原因包括以下方面。

1. 文档差错

在软件生命周期的各个阶段,都要生成各种技术文档,由于文档问题而导致的软件缺陷称为文档差错,可能直接导致软件失效的文档差错存在于操作维护手册中,文档差错包括:完整性差错,文档没有完整地反映应有的内容,有缺项;可操作性差错,文档没有准确地反映应有的内容,过于抽象而不具体、过于具体而没有通用性、文字有偏颇;精确性差错,内容具有二义性。此外,不同的人对文档内容的理解也不同,有时也会造成误操作。

2. 安装培训

软件开发方法经历了非结构化程序设计、结构化程序设计、面向对象程序设计、构件化程序设计的发展过程,构件化程序设计方法形成的模块在安装时动态生成用户需要的软件,往往因为如下错误导致软件不能可靠地运行:缺少依赖的软件模块;安装了不必要的软件或软件模块,挤占资源或相互冲突;依赖的软件模块版本不对;软件配置与设置错误等。

软件培训不到位,可能导致用户不能正确地使用软件,从而造成软件失效。例如,用户对软件功能不了解,在使用过程中会造成操作行为与操作目的不符,最终导致软件失效;基本流程不清,导致错误的操作顺序,最终导致软件失效;在某种场合不能做或者必须做的操作不清楚,可能导致软件失效;在软件出现某些状况时,不知道如何正确处置,最终可能导致软件失效;实际操作训练不足,无法将培训知识转化成操作技能。所以要重视培训工作,不能满足于一知半解,例如,常用的 Office 软件,大部分人都会使用,但要掌握其全部功能,也不是一天两天就能完成的,需要经过反复的实践才能够熟练掌握。

3. 运行环境

运行环境是导致软件运行失效的重要外部原因,包括:软件运行资源不满足,如硬盘存储空间、内存空间、CPU 处理速度不够;同时运行多个软件,造成运行资源竞争,瓜分了系统的硬盘存储空间、内存空间、CPU 时间等资源,导致资源申请失败或延时造成软件失效;硬件失效,如由于外界辐射造成内存状态改变、CPU 或内存条烧坏;时钟频率、中断频度过高或过低,将诱发适应性差的软件失效;操作系统环境遭到破坏,如某些动态库、运行需要的数据被误删;软件运行使用的数据库或数据文件中的数据错误,导致软件失效;病毒或其他恶意软件,可能破坏软件的运行环境也可能直接破坏软件从而造成软件失效。

4. 操作维护

软件使用过程中,不进行定期维护或没有正确的维护,也可能造成软件失效,具体的情形有以下几种:软件运行过程中常产生运行状态信息、日志信息及其他过期数据,如不定时清理,将挤占硬盘空间,最后可能导致软件失效;软件操作过程中,由于某些误操作,可能改变软件状态或其运行环境,定时检查软件状态和运行环境,可避免由此造成的软件失效;软件运行过程中,有时可能要重新配置软件,配置修改不当也会造成软件失效。

7.4.2 软件运行问题处理关键技术

1. 运行时监控技术

复杂系统的运行时监控在国防、航空航天等安全关键领域非常受重视,因为它是故障诊断、隔离与恢复的基础。软件监控根据其运行方式一般分为离线监控和在线监控两种类型。离线监控指一个或一组运行路径被记录下来,然后被传送给监控器进行分析和判断。对于很多资源有限的系统,常常采用离线方式。在线监控则指监控器和目标系统并发执行,目标系统每步执行信息都能被监控器获悉,并及时对系统运行情况进行判断。由此可见,在线监控是一种递进式(Incremental)、更有效的监控方式,能尽快发现可能存在的问题。但是很明显,在线监控需要占用更多的资源,有可能影响目标系统的性能和效率。

2. 快速故障诊断技术

区分(隔离、鉴别)软件、硬件失效引起的系统故障是维修的关键和先决条件,如何在使用现场快速、方便地隔离软硬件故障,需要探索、研究,包括以故障机理和软件模型为基础,研究通过自动推理或验证的方式确定故障原因及相应缺陷模块的粗粒度诊断方法;研究通过程序静态分析技术在模块中自动定位引发故障的缺陷代码的细粒度诊断方法和基于运行时验证的诊断方法;对于无源代码的软件,研究针对其执行码进行故障诊断的方法。

3. 软件故障隔离技术

软件故障隔离技术是又一关键技术和研究的重点。该技术指把软件故障依次隔离到失效的分系统、模块直至程序行或数据元。对于软件密集型的武器装备中的软件系统而言,一旦发生软件失效,人们往往希望在完成程序修正、回归测试和重新部署前,通过故障隔离技术使得缺陷代码不会继续导致软件失效,以便使软件密集型武器装备能够继续执行某些关键的作战任务。针对各种不同的故障类型和环境,可采用不同的隔离方法和技术。最直接的方法就是禁止运行包含缺陷的软件模块,如果该模块所实现的功能不是关键任务或必需的,那么这种方法是有效的;但是如果软件缺陷所属的功能模块涉及了软件的主要功能,是实现系统的关键任务所必需的,那么这时禁止该模块的使用会使得整个系统无法正常运行。这时就要考虑通过控制隔离的方式把该模块可能导致的软件故障与模块的正常运行隔离开;对于软件和硬件之间的故障隔离,重点考虑代码中软硬件之间的接口指令。

4. 快速维护和回归测试

软件失效的修正,实际上是软件的局部重新设计。它不应当造成系统其他部分程序或数据的不协调,从而引起新的失效。同时,软件失效修正的人力、物力和环境条件都有限制。这就要求探讨一些简便、实用的失效纠正方法。对现场使用的软件需要进行试验、检验,而且要求快速进行。应当研制软件快速检测的技术和平台。修改后的软件需要进行回归测试,以确定修改不会引入新的错误,由于软件测试本身是一件复杂的工作,如何重用已有测试用例进行高效、自动的回归测试非常重要。

5. 软件快速恢复技术

为了使得失效软件尽快恢复功能,应当着重研究软件的各种应急恢复方法,以及装备损伤后可否采用软件硬件互相替代的技术进行修复,包括系统还原技术、快速重启技术、软件功能硬件替代技术等。

7.4.3　软件运行失效的处置

通过前面的分析,我们知道软件失效是难以完全避免的,对一线软件操作人员和保障人员而言,要具备使软件尽快恢复运行的能力,不能完全依赖于开发方。有些部队软件出现问题后,如数据库连接错误、网络不通等,不是尽快排除,而是等着开发方派人来修复。在试用阶段,开发方是有义务解决问题,但不能事事都依赖开发方,否则在战时我们将无法作战。所以部队的软件操作人员和保障人员要具备常见故障的恢复能力。一般而言,软件出现失效,可参考以下方法进行处置。

1. 判断是软件故障还是硬件故障并分别进行处置

对故障的现象要有初步的判断,区分出是软件的问题还是硬件的问题。例如,显示屏闪烁、黑屏,网络不通,计算机不能上电等问题一般属于硬件问题,有些是连接和接触不牢固,可检查线路和接口设备,有些确实是硬件损坏了,这可以按照硬件装备的保障方式进行修复或替换。还有些问题,例如,数据库连接失败、操作系统不能启动、系统运行缓慢、应用软件不能启动等,则属于软件问题,出现这些情况可首先检查系统配置是否正确,运行环境是否发生了变化,实在不能恢复,则可以卸载后重新安装,总之要使其恢复工作。

2. 对软件自身问题的处置

因软件自身问题导致的失效,对一线操作人员和保障人员而言是无法修复的,如距离或面积的计算错误、战果战损的统计错误等,这类问题的处置分两步:首先,进行记录并避免使用这些有问题的功能,或者掌握故障规律进而以人工方式进行修正;其次,要认真记录故障现象,并填写问题/变更报告,将故障时间、现象、操作步骤、操作人以及修改建议等信息详细记录下来,报上级保障机构,由其统一处置。问题/变更报告是进行软件更改的主要数据来源,保障机构要制定明确的规程,明确问题记录、上报的流程,理顺使用方、开发方以及保障机构的职责。

第 8 章　软件缺陷分析与预测

对于关系到人员生命和重大财产安全的关键软件,软件测试人员通常面临很大的压力。如果在软件研制阶段,能够根据软件的规模、复杂度以及其他软件属性,经过一系列的数据分析和处理来预测软件缺陷密度和缺陷分布情况,则有助于软件测试管理人员规划、管理和控制测试执行活动,有助于提高测试员分配、测试时间安排、测试结束条件设置的合理性。

传统的软件缺陷预测方法难以适用于现代软件系统,而当前的基于机器学习的软件缺陷预测模型有些基于测试过程,有些将缺陷预测作为二值分类问题处理。基于测试过程则依赖于测试员的水平,具有主观性,基于二值分类则只能预测代码单元有无缺陷,而没有预测缺陷密度。因此有效、客观地对软件缺陷密度进行预测,对于提高测试效率和质量,延长软件装备使用寿命具有十分重要的意义。

8.1　软件缺陷概述

软件缺陷一般指程序中存在的影响软件正常运行能力的问题、错误,或者隐藏的功能缺陷。IEEE 729—1983 将软件缺陷定义为:站在软件内部的角度来看,缺陷是软件产品研发或者维修过程中存在的所有漏洞的总称;站在软件外部的角度来看,缺陷是对客户所需功能的失效。由于缺陷的存在,导致软件不能满足用户的需求,或者用户对软件的使用不满意。软件缺陷主要有以下几种表现形式:

(1) 软件没有实现产品需求规格说明中要求实现的功能。这属于严重的缺陷,即用户要求的功能没有实现。

(2) 软件实现和产品需求规格说明中的要求不一致。例如,软件的预期结果和用户要求不一致,即软件中存在逻辑错误。

(3) 软件实现了产品需求规格说明中未要求达到的功能。实现了额外的功能,在某些情况下也会导致用户的不满。

(4) 软件未能实现产品需求规格说明中未要求但用户希望实现的功能。产品需求规格说明并非面面俱到,有些常识性的要求虽未明确说明,但也应该能实现,如对某些输入项的限制、异常情况的处理等。

（5）用户不满意软件实现的功能，并且认为软件的易用性差，操作困难。例如，用户界面不友好，操作复杂，快捷键违反常规等。

软件缺陷是影响软件质量的重要与关键因素之一，发现与排除软件缺陷是软件保障的重要工作之一，并且需要大量的花费。美国国防部的数据表明，在 IT 产品中，大约 42% 的资金是用于与软件缺陷相关的工作上。目前在美国，软件测试的花费占整个软件费用的 53%～87%。因此，对软件缺陷及其相关问题进行研究是极为有价值的。我国目前尚无这样的统计报告，但我国目前的软件测试费用一般占整个软件费用的 30% 以上。

软件工程师在工作中一般会引入大量的缺陷。统计表明，有经验的软件工程师的缺陷引入率一般是 50～250 个缺陷/KLOC，平均的缺陷引入率在 100 个缺陷/KLOC 以上。即使软件工程师学过软件缺陷管理之后，平均的缺陷引入率也在 50 个缺陷/KLOC。

目前，高水平的软件组织所生产的软件可以达到的缺陷密度为 2～4 个缺陷/KLOC，一般的软件组织所生产的软件其缺陷密度为 4～40 个缺陷/KLOC，NASA 的软件的缺陷密度可以达到 0.1 个缺陷/KLOC，我国某类型号软件要求的缺陷密度是 1 个缺陷/30KLOC。

开发低缺陷密度的软件需要大量的花费。在 20 世纪 90 年代，NASA 的软件平均一行代码需要 1000 美元，而一般 CMM5 的软件开发成本是 CMM1 的几倍甚至几十到上百倍。

影响软件缺陷数目的因素很多：从宏观上看，包括管理水平、技术水平、测试水平等；从微观上看，包括软件规模、软件复杂性、软件类型、测试工具、测试自动化程度、测试支撑环境、开发成本等[50]。

8.2　软件缺陷的种类

软件缺陷的种类繁多，不同的研究人员有不同的视角，目前还没有统一的划分标准。这里结合缺陷的属性、产生的原因及用户的反馈列出一些常见的缺陷类型。

1. 软件功能缺陷

软件的功能是软件研制总要求、研制任务书和需求规格说明严格限定的，首先需求规格说明中规定的功能必须全部正确实现，其次也不能实现额外的功能，实现不必要的功能既占用系统资源，又影响软件可靠性。违反了上述要求，就说明软件存在功能缺陷。按照产生的原因，软件功能缺陷又可以分为不同的类型：

1）输入缺陷

软件的输入不正确，主要包括：

（1）不接受正确输入；

（2）接受不正确输入；

（3）描述有错或遗漏；

（4）参数有错或遗漏。

2）输出缺陷

软件的输出不正确，主要包括：

（1）格式错误；

（2）结果错误；

（3）结果不一致或遗漏结果；

（4）结果不符合逻辑；

（5）拼写或语法错误；

（6）修饰词错误。

3）逻辑缺陷

软件逻辑上存在问题，主要包括：

（1）遗漏部分条件；

（2）逻辑上有重复；

（3）极端条件出错；

（4）循环错误；

（5）操作符错误。

4）计算缺陷

程序算法上存在错误，主要包括：

（1）算法不正确；

（2）遗漏计算；

（3）操作数错误；

（4）括号使用错误；

（5）精度不够；

（6）错误的内置函数。

5）接口缺陷

软件输入输出接口存在的问题，主要包括：

（1）不正确的中断处理；

（2）I/O 时序有错；

（3）调用了错误的过程；

（4）调用了不存在的过程；

（5）参数不匹配；

（6）不兼容的类型；

（7）格式错误。

6）数据缺陷

在数据使用方面存在的问题，主要包括：

（1）不正确的初始化；

（2）不正确的存储/访问；

（3）错误的标志/索引值；

（4）不正确的打包/拆包；

（5）使用了错误的变量；

（6）错误的数据引用；

（7）缩放数据范围或单位错误；

（8）不正确的数组维数；

（9）不正确的数据类型；

（10）不正确的数据范围；

（11）数据不一致。

2. 软件易操作性差

对用户而言，软件的易操作性也是非常重要的。软件的功能再完善，如果不便于操作，用户同样不满意，进而不愿经常使用，影响作战效能。软件的易操作性问题主要表现在以下方面。

1）输入界面问题

软件输入要求快捷方便，能够让用户选择的，尽量使用下拉列表框选择，尽量减少输入的数据量，这方面的问题主要有：

（1）输入数据过多；

（2）输入法种类少，使用不便；

（3）输入提示信息不明确；

（4）输入格式繁琐。

2）输出界面问题

软件的输出要简单、明确，让用户一目了然，这方面的问题主要有：

（1）输出信息不完整；

（2）输出信息存在二义性；

（3）输出格式不合理；

（4）输出显示字体、颜色不协调；

（5）输出信息存在错误。

3）界面布局问题

软件界面要求布局合理，信息量适中，风格符合常规，常见的问题有：

（1）界面元素布局不合理，如菜单、工具栏、状态栏的位置及摆放；

（2）界面文字、图标不适当；

（3）快捷键设置不合常规；

（4）界面存在大块空白无用区域；

（5）数据显示格式不合理。

3. 软件文档缺陷

软件文档是软件研制和软件保障实施的重要技术资料，但许多软件研制单位对软件文档的重视程度不高，时常出现先写程序后补文档的情况，这会对软件质量和软件保障产生非常不利的影响。软件文档存在的主要问题有：

（1）文档要素不全，完整性差；

（2）文档一致性差，如需求文档和设计文档的一致性，设计文档和源代码的一致性等；

（3）文档描述不清晰；

（4）文档的生成和使用不符合软件工程规范；

（5）文档格式不规范；

（6）存在文字错误。

8.3　软件缺陷数目估计

软件的缺陷数目是软件可靠性的一个最重要的参数，也是软件质量的一个重要参数。残留软件的缺陷数目与很多因素有关，例如，软件的规模、软件的复杂性、研制人员的水平、质量管理水平、语言类型、开发环境、测试时间等。由于受到上述因素的影响，就目前的研究水平而言，不大可能给出精确的计算方法。本节将从几个不同的方面讨论如何估计残留软件的缺陷数目[50]。

1. 撒播模型

撒播模型是利用概率论的方法，通过已知缺陷来估算程序中潜在的、未知的缺陷数目，其基本原理类似于估计一个大箱子中存放的乒乓球的数目。假设一个大箱子里有许多（N）白色的乒乓球，由于太多，难以计数，人们可以采用一种变通的办法，即向箱子里放入 M 个黑色的乒乓球，并将箱中的球搅拌均匀，然后从箱子中随机取出足够多的球，假设取出的球中，白色的有 n 个，黑色的有 m 个，则可以根据下列公式估计 N，即

$$\frac{N}{N+M} = \frac{n}{n+m}$$

则

$$N = \frac{n}{m}M$$

当 N 比较大时,这是一个有效的方法。Mills 首先将这种技术用于软件错误数目的估计,具体方法:人工随机地向待估算的软件中置入错误 M;进行测试,待测试到足够长的时间后,对所测试到的错误进行分类,区分出人工置入的错误 m 和程序中固有的错误 n;根据上述公式即可估算出程序中所有的错误 N。

但这种方法应用于软件缺陷数目估计方面的准确性是无法与估计乒乓球数目的准确性相比的,其原因主要有以下两点:

(1)程序中存在的所有缺陷是未知的,而每个缺陷能够被检测出来的难易程度也同样是未知的。

(2)人工置入的缺陷相比于程序中原有存在缺陷的检测难易程度是否一致也是未知的。

基于这两条理由,用上述方法来估计程序中的残留缺陷数目的有效性是值得怀疑的。

为克服上述模型存在的缺陷,可以借鉴捕获再捕获模型,通过一段时间内对某动物群体的捕获、标记得到的数据,利用统计学方法对群体数目进行估计。例如:从鱼塘中捞上来 n 条鱼,为每条鱼做上标记,再放回到鱼塘中,一段时间后,再次捕捞上来 m 条,检查有多少条是有标记的鱼,比如是 m_1 条,则可根据下列公式估计鱼塘中鱼的总数 N:

$$\frac{N}{n} = \frac{m}{m_1}$$

则

$$N = \frac{m}{m_1}n$$

Hyman 提出了这种模型应用于软件缺陷数目估计中的具体方法:假设软件总的排错时间是 X 个月,即经过 X 个月的排错时间,假设程序中将不再存在错误。让两个人同时独立对同一被测程序进行排错,假设经过足够长的排错时间后,第一个人发现了 n 个错误,第二个人发现了 m 个错误,其中属于两个人共同发现的错误有 m_1 个,则可根据上述公式估算出程序中所有的错误 N。

该公式与前一个公式相比,明显地会更精确,因为首先两个人所排除的故障都是真实的,若很好地组织,该公式是可以使用的。但问题是,由于两个测试人员的水平不一样,如果相差较大,也可能会难以达到准确的估计。

总体而言,由于软件缺陷的复杂性,靠简单的撒播技术是明显不行的,但所估计的数值可以作为参考。

2. 静态模型

根据软件的规模和复杂性进行软件缺陷数目估计是人们很容易想到的一

种方法,传统上,人们普遍的想法是软件越大、越复杂,其残留的故障数目也就越多,这是很自然的。因此,根据这个思想,人们从不同的理论与实践方面,提出了许多模型。

(1) Akiyama 模型:

$$N = 4.86 + 0.018L$$

式中:N 为缺陷数;L 为可执行的源语句数目,下同。

该模型比较简单,明显是一种实践上的统计结果,只能粗略地对缺陷数目进行估计,可能对某类专门的程序是有效的,实际价值不大。

(2) 谓词模型:

$$N = C + J$$

式中:C 为谓词数目;J 为子程序数目。

程序中的许多错误都来自于程序的关系运算、逻辑运算以及二者结合的复合运算等,即程序的许多错误来自于程序中包含的谓词。其原因是,在谓词运算中,往往是将一个无穷域影射到一个有限域,例如,"x >=0   y <=1",其输入在理论上是无穷的,但输出只有 0 和 1,这当中包含的错误是非常难以测试的,例如,像漏掉"="的错误,是难以被发现的。从这种意义上讲,谓词模型是有理论基础的。但将每个谓词和子程序都假定为一个错误显然是不合适的,但也没有其他更好的办法来准确地描述它们之间的关系。总之,该模型有一定的参考价值。

(3) Halstead 模型:

$$N = V/3000$$

式中:$V = x\ln y$;$x = x_1 + x_2$;$y = y_1 + y_2$;x_1 为程序中使用操作符的总次数;x_2 为程序中使用操作数的总次数;y_1 为程序中使用操作符的种类;y_2 为程序中使用操作数的种类。

在这个模型中,V 被看作描述软件体积的一个度量,即程序占内存的比特数目,它与程序中操作符和操作数的数量和种类有着密切关系。该模型和 Akiyama 模型有些类似,也完全是大量程序的统计结果,但难以说清楚哪一个更好。

(4) Lipow 模型:

$$N = L(A_0 + A_1 \ln L + A_2 \ln^2 L)$$

① Fortran 语言:$A_0 = 0.0047$,$A_1 = 0.023$,$A_2 = 0.000043$。
② 汇编语言:$A_0 = 0.0012$,$A_1 = 0.0001$,$A_2 = 0.000002$。

该模型是对 Halstead 模型的一种改良,将编程语言对软件缺陷的影响进行了量化表示。

（5）Gaffnev 模型：

$$N = 4.2 + 0.0015L^{4/3}。$$

解此方程可推断出一个模块的最佳尺寸是 877LOC。

（6）Compton and Withrow 模型：

$$N = 0.069 + 0.00156L + 0.00000047L^2$$

由该方程可推断出一个模块的最佳尺寸是 83LOC。

总体来看，该类模型目前大约有 60 多种，都是运用数学方法回归或统计得来。它可能对某个人、某个软件开发组织、某类软件是有效的，但一般而言，并不具备通用性。其内在规律有待于进一步验证。

3. 根据测试覆盖率的预测模型

白盒测试技术定义了许多覆盖准则，如语句覆盖准则、分支覆盖准则、路径覆盖准则等。当对这些指定的语句、分支、路径等进行执行时，它们被执行的比例和故障检测的比例是有一定的关系的。Malaiya 在大量实验的基础上给出了初步的研究，得出缺陷和覆盖率的曲线关系如图 8-1 所示。

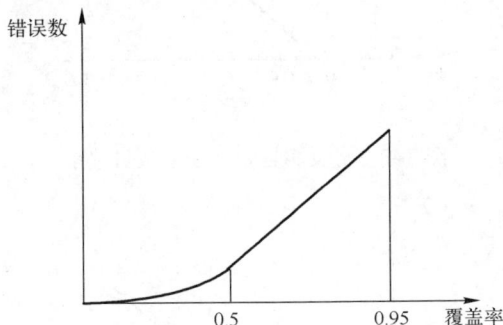

图 8-1　错误与覆盖率关系

由该图所见，在低覆盖率时，覆盖测试发现错误的能力也很弱，当覆盖率增大到一定程度时，对故障的检测效果才比较明显。一般情况下，当语句覆盖、分支覆盖等测试覆盖率接近于 1 时，其故障检测的效果才比较明显。因此，很多软件测试都把 100% 的语句覆盖或分支覆盖作为测试的目标之一。

Pasquini 进一步给出了语句覆盖准则、分支覆盖准则、p - 应用覆盖准则和故障检测之间的关系曲线，分别如图 8-2、图 8-3 和图 8-4 所示。

由上述三图可见，当某测试覆盖准则的覆盖率达到一定数值时，缺陷数目和覆盖率成线性关系。Malaiya 所给出的计算公式为

$$N(C) = A_0 + A_1 C, C > C_{knee}$$

式中：A_0、A_1 为常数。当测试覆盖率 $C > C_{knee}$ 时，缺陷数目随覆盖率成线性增长。Malaiya 的实验结果表明：

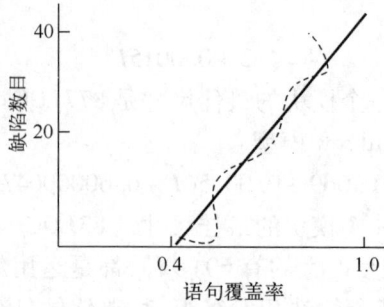

图 8-2　语句覆盖率和缺陷数目关系

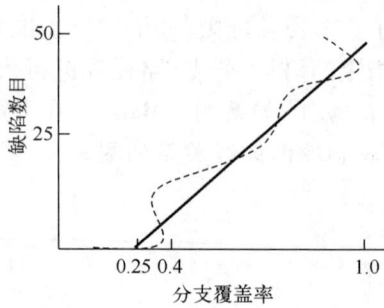

图 8-3　分支覆盖率和缺陷数目关系

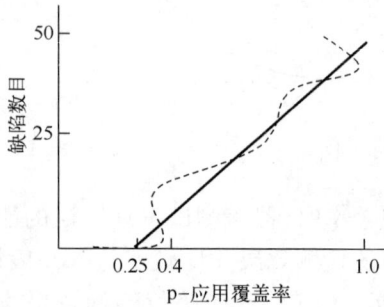

图 8-4　p－应用覆盖率和缺陷数目关系

$C_{knee} = 0.40$，对块覆盖；

$C_{knee} = 0.25$，对分支覆盖；

$C_{knee} = 0.25$，对 p－应用覆盖。

根据覆盖率与缺陷数之间的线性关系，当覆盖率达到 1 时，即可估算实际的缺陷数。显然，这种结果是否具有普遍性还值得研究。但肯定地说，这种研究对提高缺陷的检测率是有价值的。

8.4　基于支持向量回归的软件缺陷密度预测模型

自 20 世纪 70 年代发展至今,软件缺陷预测始终是软件工程学科最受瞩目的研究内容之一。构建缺陷预测模型的方法大致分为五个时期,从开始的单一变量统计分析时期,到后来的多变量统计分析时期,再到统计分析联合专家分析时期,以及后来的机器学习时期和机器学习联合分析时期。本节提出一种基于支持向量回归(Support Vector Regression,SVR)的软件缺陷密度预测模型。

8.4.1　机器学习概述

机器学习(Machine Learning,ML)[51]是当今人工智能发展的主要研究方向之一,它与概率统计、计算机学、控制理论、生物学、心理学等学科有着密不可分的关系。机器学习的本质就是学习,自从计算机问世以来,人们就想了解它是否能够自主学习,以及如何进行高效的学习。

机器学习算法能够让计算机模拟或者完成人们的学习方法,自主地获得全新知识与技术,即让机器借助已有的知识、经验和认知手段来获得更新的知识与技能。

为了让计算机拥有一定程度的学习能力,使它能够自主地通过学习增加知识量,扩充知识范围,改进工作性能,提升智能化水平,需要构建与之相对应的学习模型。图 8-5 给出了机器学习的基本模型。

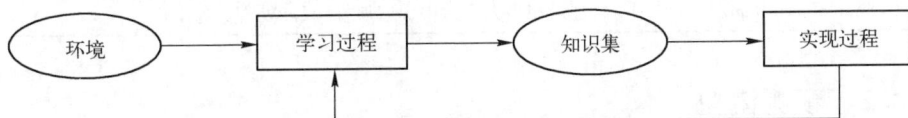

图 8-5　机器学习的基本模型

该模型由四部分组成。环境部分为模型提供消息,它不仅是模型的运行目标,也是外部环境下的客体;学习过程部分处理环境传达的消息,类似于用各种学习算法改良知识集里的显性知识;知识集部分为某些特定知识表达方式的消息集;实现过程部分通过知识集里的知识来执行某些工作,并且将实现过程里的状况反馈给学习过程,这一部分是模型的重点。

目前常用的机器学习算法有很多种,如 IBK、SMO、Bagging、LinerRegression、M5Rules、SVM 等,如表 8-1 所列。

表 8-1　常用机器学习算法

算法名称	算法描述
SVM	该算法是基于统计学习里的 VC 维原理以及结构风险最小化原理基础上构建的,依据现有的样本信息在模型的复杂度以及学习能力之间寻找最佳折中点,以求获得最好的实用性
IBK	给出训练集,对输入的集合,在训练集里找到与该集合最相近的几个集合,这几个集合一般情况都属于一个类,就把该集合归到这一类中
GaussianProcesses	在特定的条件下,求解平方损失最优的优化问题
LinearRegression	根据统计学里的回归分析,确立一种或者多种变量之间存在的某种量化关系
Bagging	基于某个预估函数,用某种方法把它们组合成一个新的预估函数,以此来提高自身运算准确率
RBFNetwork	可以无限接近任何一个非线性函数,解决系统内不易发现的规律
AddditiveRegression	通过增加每个分类的预测来减少收缩参数,以防止过度拟合和减少由于出现平滑效应而增加的学习时间
CVParameterSelection	用于任何分类的交叉验证进行参数选择的类
IsotonicRegreesion	在最小平方误差中提取属性,只能处理数值属性。既可以用于单调递增的情况,也可以用于单调递减的情况
KStar	它是一个基于测试实例的类,由一些相似函数确定。不同于以其他实例为基础的学习算法,它使用基于熵的距离函数
LWL	使用实例为基础的算法来分配实例的权重,然后给一个实例确定一个加权值。可以做分类或回归
MultilayerPerceptron	可以由一个或者两个算法构建模型。在训练期间,网络也可以被监控和修改
PaceRegression	在有规律的条件下,当参数的个数趋于无穷大时,速度回归被证明是最优的。它由一组在一定条件下是全局最优或最佳的参数组成
SimpleLinearRegression	在最小平方误差中提取属性,只能处理数值属性

8.4.2　预测模型

支持向量机(Support Vector Machine,SVM)是 Corinna Cortes 和 Vapnik 等人于 1995 年首先提出的,最初主要用于处理模式识别问题,随后它在处理小样本、非线性以及高维度空间识别方面体现出许多独特的优势。SVM 本身是针对经典的二分类问题提出的,即目标样本为有限集的情形,如果目标样本为连续值(不可数),则演化出支持向量回归的概念。Vapnik 在接下来的科研工作里,提出损失函数概念,把 SVM 应用到非线性回归估计和曲线拟合当中,得到一种专门针对曲线拟合回归估计的模型算法,即 ε 不敏感支持向量回归。该算法在非线性问题处理方面被大量使用,如系统识别、天气预报等,并且有着很好的实验结果,因此本书基于 SVR 来建立软件缺陷密度预测模型。

对于设定的训练集 $T = \{(x_1, y_1), (x_2, y_2), \cdots, (x_i, y_i)\}$，其中 $x_i \in R^d$（$i = 1, 2, \cdots, l$）是第 i 个输入的样本值，$y_i \in R$ 是与 x_i 相应的目标值。以此来构建最佳线性回归函数：

$$f(\boldsymbol{x}) = \boldsymbol{w} \cdot \boldsymbol{x} + b \tag{8-1}$$

式中：$\boldsymbol{w}$ 为权重系数；b 为偏置项。

先定义由 Vapnik 提出的 ε 不敏感损失函数：

$$L_\varepsilon = (f(\boldsymbol{x}), y) = \begin{cases} 0, & |f(\boldsymbol{x}) - y| < \varepsilon \\ |f(\boldsymbol{x}) - y| - \varepsilon, & \text{其他} \end{cases} \tag{8-2}$$

式中：ε 称为不敏感系数，其主要用于调控拟合度。

不妨假设全部训练集的拟合误差率最大为 ε（所有输入训练集的点到高维空间平面的距离最大为 ε），即

$$\min \frac{1}{2} \|\boldsymbol{w}\|^2$$
$$\text{s. t.} \begin{cases} y_i - \boldsymbol{w} \cdot \boldsymbol{x} - b \leqslant \varepsilon \\ \boldsymbol{w} \cdot \boldsymbol{x} + b - y_i \leqslant \varepsilon \end{cases}, \quad i = 1, 2, \cdots, m \tag{8-3}$$

在实际求解过程中，不可避免地会出现拟合误差率大于 ε 的情况（有极个别输入训练集的点到高维空间平面的距离大于 ε），ε 不敏感函数出现的误差等同于引入松弛变量 ξ_i, ξ_i^*（$\xi \geqslant 0$；$\xi_i^* \geqslant 0$），以及惩罚因子 C，将式（8-3）变为

$$\min \frac{1}{2} \|\boldsymbol{w}\|^2 + C \sum_{i=1}^m (\xi_i + \xi_i^*)$$
$$\text{s. t.} \begin{cases} y_i - \boldsymbol{w} \cdot \boldsymbol{x}_i - b \leqslant \varepsilon + \xi_i \\ \boldsymbol{w} \cdot \boldsymbol{x}_i + b - y_i \leqslant \varepsilon + \xi_i^* \\ \xi_i, \xi_i^* \geqslant 0 \end{cases} \tag{8-4}$$

使用相同的优化算法求解对偶最优问题：

$$\min \frac{1}{2} \sum_{i,j=1}^m (\alpha_i - \alpha_i^*)(\alpha_j - \alpha_j^*)(x_i \cdot x_j) - \varepsilon \sum_{i=i}^m (\alpha_i - \alpha_i^*) + y_i \sum_{i=1}^m (\alpha_i - \alpha_i^*)$$
$$\text{s. t.} \begin{cases} \sum_{i=1}^m (\alpha_i - \alpha_i^*) = 0 \\ \alpha_i, \alpha_i^* \in [0, C] \end{cases} \tag{8-5}$$

从而得到最终的最优回归估计函数：

$$f(\boldsymbol{x}) = \sum_{\text{SV}} (\alpha_i - \alpha_i^*)(x_i \cdot \boldsymbol{x}) + b \tag{8-6}$$

其中

$$b = \frac{1}{N_{\text{NSV}}}\Big\{ \sum_{0<\alpha_i<C} \big[y_i - \sum_{\text{SV}} (\alpha_j - \alpha_j^*)(x_j \cdot x_i) \big] +$$

$$\sum_{0<\alpha_i^*<C} \big[y_i - \sum_{\text{SV}} (\alpha_j - \alpha_j^*)(x_j \cdot x_i) + \varepsilon \big] \Big\}$$

式中:N_{NSV} 为支持向量的个数。

Scholkopf[52] 在 $\varepsilon - \text{SVR}$ 模型基础上,提出了一种 $\nu - \text{SVR}$ 模型,该模型可以使 ε 自动最小化,并且可以根据数据集调整精度级别。本书使用 $\nu - \text{SVR}$ 模型来预测软件缺陷密度,它使用参数 $\nu \in (0,1]$ 来控制支持向量的数量,解决如下问题:

$$\min_{\omega,b,\xi,\xi^*,\varepsilon} \frac{1}{2} \boldsymbol{\omega}^{\text{T}} \boldsymbol{\omega} + C\Big(\nu\varepsilon + \frac{1}{l} \sum (\xi_i + \xi_i^*) \Big)$$

$$其中 \begin{cases} (\boldsymbol{\omega}^{\text{T}}\varphi(x_i) + b) - z_i \leqslant \varepsilon + \xi_i \\ z_i - (\boldsymbol{\omega}^{\text{T}}\varphi(x_i) + b) \leqslant \varepsilon + \xi_i^* \\ \xi_i, \xi_i^* \geqslant 0, \quad i = 1,2,\cdots,l, \varepsilon \geqslant 0 \end{cases} \tag{8-7}$$

对偶问题为

$$\min_{\alpha,\alpha^*} \frac{1}{2} (\alpha - \alpha^*)^{\text{T}} Q(\alpha - \alpha^*) + z^{\text{T}}(\alpha - \alpha^*)$$

$$其中 \begin{cases} e^{\text{T}}(\alpha - \alpha^*) = 0, \ e^{\text{T}}(\alpha + \alpha^*) \leqslant C\nu \\ 0 \leqslant \alpha_i, \alpha_i^* \leqslant C/l, \quad i = 1,2,\cdots,l \end{cases} \tag{8-8}$$

逼近函数为

$$\sum (-\alpha_i + \alpha_i^*) K(x_i \boldsymbol{x}) + b \tag{8-9}$$

Chang 和 Lin[53] 提出不等式 $e^{\text{T}}(\alpha + \alpha^*) \leqslant C\nu$ 可以用一个等式来替代,他们将用户指定的参数作为 C/l,用 $\overline{C} = C/l$ 来表示,这样对偶问题变为

$$\min_{\alpha,\alpha^*} \frac{1}{2} (\alpha - \alpha^*)^{\text{T}} Q(\alpha - \alpha^*) + z^{\text{T}}(\alpha - \alpha^*)$$

$$其中 \begin{cases} e^{\text{T}}(\alpha - \alpha^*) = 0, e^{\text{T}}(\alpha + \alpha^*) \leqslant \overline{C}l\nu \\ 0 \leqslant \alpha_i, \alpha_i^* \leqslant \overline{C}, \quad i = 1,2,\cdots,l \end{cases} \tag{8-10}$$

8.4.3 模型参数优化方法

为了得到更好的预测结果,需要对选择的参数进行优化处理。下面首先简要介绍算法的所有参数及其作用,然后详细介绍对参数的优化选择方法。

SVR 算法有 15 个参数,用来对算法进行调整,以期得到最理想的结果。其中两个参数最核心,也是最基本的参数,即 s、t。因此本书通过调整这两个核心

参数,进行实验结果分析。

s 表示机器学习算法的种类。当取 0、1、2 时表示分类算法,其中取 0、1 时表示多分类,而取 2 时表示单分类。当取 3、4 时表示回归算法,本书是采用 SVR 算法进行软件缺陷密度预测,是一种回归算法,因此参数只能从 3、4 中选择。

t 表示函数里常用的核函数。核函数是 SVR 算法的核心内容,它能够使低维转到高维,使得在低维里不能线性可分的数据可以在高维线性可分。但是将低维里的向量集映射到高维会使计算量大幅提升,而引入的核函数能够很好地处理这个问题。选择合适的核函数,就能够获得高维环境的可分函数。t 参数的取值分别为 0、1、2,为了使实验结果不失一般性,本书选取所有参数值进行实验分析。

当 t 参数取 0 时表示线性核函数:
$$K(x_i, x_j) = (x_i \cdot x_j) \tag{8-11}$$
当 t 参数取 1 时表示多项式核函数:
$$K(x_i, x_j) = ((x_i \cdot x_j) + C)^d, \quad c \geq 0 \tag{8-12}$$
当 t 参数取 2 时表示 RBF 核函数:
$$K(x_i, x_j) = e^{\left(-\frac{\|x_i - x_j\|^2}{\gamma^2}\right)} \tag{8-13}$$

另外:

d 定义核函数的深度,通常取为 3。

g 设置核函数里的 γ。

r 设定核函数的参数值,通常取值为 0。

c 设置 C – 支持向量分类机、ε – 支持向量回归以及 ν – 支持向量回归的参数 c,一般默认值为 1。

n 设置 ν – 支持向量分类机、单分类支持向量机以及 ν – 支持向量回归的参数 ν,通常默认值为 0.5。

p 定义在 ε – 支持向量回归的损失函数 ε,通常取为 0.1。

m 设定缓存内存大小,通常取为 100。

e 设置容错的终判准则,通常取为 0.001。

h 是否使用缩小启发式,0 或 1,一般选择 1。

b 为了估算概率,从支持向量分类模型与支持向量回归模型两种模型里选取任意模型作为实验模型,一般默认值为 0。

wi 对于 C – 支持向量分类机设置类 i 的权重参数值 C,一般默认值为 1。

v n 表示 n 折交叉试验验证法。

q 表示安静模式(没有输出)。

参数优化选择具体步骤如图 8-6 所示。

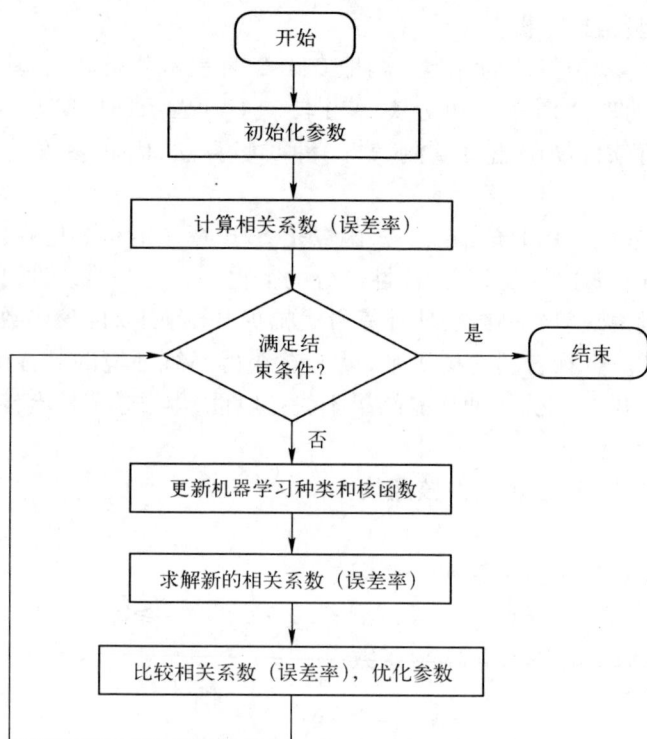

图 8-6　参数优化实现过程

第一步：对机器学习种类和核函数种类进行初始化。设定参数 $s=3$、$t=0$。

第二步：在参数初始化的条件下，基于 SVR 和训练集建立软件缺陷密度预测模型，通过初始化得到第一组输出变量(预测值)，与自身对应的真实值作对比分析，计算存在的误差率，并且计算出预测值与真实值之间的相关系数。

第三步：根据机器学习种类和核函数种类更新训练时选择的参数值。

第四步：使用更新后的参数值，并使用相同输入变量进行初始化，得到新的输出变量，重新计算新的预测值与真实值之间的误差率以及相关系数。

第五步：比较相关系数绝对值的大小，将新计算得到的相关系数绝对值与上一次相关系数绝对值进行对比，假如新的相关系数绝对值比上一次的相关系数绝对值大，就把新的相关系数绝对值对应的参数记录下来，否则不进行替换；比较误差率的大小，将新计算得到的误差率与上一次的误差率进行对比，假如新的误差率比上一次的误差率更小，就把新的误差率对应的参数记录下来，否则不进行替换。

第六步：判断该方法的终止条件，如果迭代次数达到最初设定的最大迭代次数或者相关系数为 1(预测误差率为 0)，立刻终止迭代。否则返回第三步，继续进行运算。

8.4.4　模型评价指标

1. 误差评价指标

用模型进行数值预测,预测的效果需要通过一些分析性指标进行衡量。本书总结了几种常见评价指标,分别为均方误差、均方根误差、平均绝对误差、相对平方误差、相对平方根误差和相对绝对误差,其中公式中的 p 为预测值,a 为实际值。

均方误差本质上等于均方根误差的平方,相对平方误差本质上等于相对平方根误差的平方,所以这四个评价指标只需要选取具有代表性的两个评价指标,即均方根误差以及相对平方根误差。因此本书选取均方根误差、平均绝对误差、相对平方根误差以及相对绝对误差这四个评价指标作为后续实验的评价指标。

均方误差为

$$\frac{(p_1 - a_1)^2 + \cdots + (p_n - a_n)^2}{n} \tag{8-14}$$

均方根误差为

$$\sqrt{\frac{(p_1 - a_1)^2 + \cdots + (p_n - a_n)^2}{n}} \tag{8-15}$$

平均绝对误差为

$$\frac{|p_1 - a_1| + \cdots + |p_n - a_n|}{n} \tag{8-16}$$

相对平方误差为

$$\frac{(p_1 - a_1)^2 + \cdots + (p_n - a_n)^2}{(a_1 - \bar{a})^2 + \cdots + (a_n - \bar{a})^2} \tag{8-17}$$

$$\text{其中} \bar{a} = \frac{1}{n} \sum_{i=1}^{n} a_i$$

相对平方根误差为

$$\sqrt{\frac{(p_1 - a_1)^2 + \cdots + (p_n - a_n)^2}{(a_1 - \bar{a})^2 + \cdots + (a_n - \bar{a})^2}} \tag{8-18}$$

相对绝对误差为

$$\frac{|p_1 - a_1| + \cdots + |p_n - a_n|}{|a_1 - \bar{a}| + \cdots + |a_n - \bar{a}|} \tag{8-19}$$

2. 相关系数评价指标

为了取得较好的预测效果,需要对度量元进行优选,本书通过相关性分析来选择度量元。常用的相关性分析指标有两种:一种是 Pearson 相关系数;一种是 Spearman 秩相关系数(SRCC)。Pearson 相关系数适用于有线性关系的数据,且整体上满足正态分布的连续变量;Spearman 秩相关系数对原始变量的分类不做硬性规定,即不需要符合任意分布规律,就可以通过秩相关系数很好地量化彼此间的关联程度,因此该方法通用性、适用性、灵活性较好。本书的软件度量元和缺陷之间没有明确的线性关系,此时可采用秩相关,也称等级相关来描述两个变量之间的关联程度和方向,因此本书选择 Spearman 秩相关系数进行分析。

相关程度一般分成 5 个级别,如表 8-2 所列。人们发现相关系数的绝对值不小于 0.4,两者之间就有着较强的相关性,因此本书以相关系数的绝对值不小于 0.4 作为划分依据。

表 8-2　相关程度划分

相关系数的绝对值	0.00 ~ 0.19	0.20 ~ 0.39	0.40 ~ 0.59	0.60 ~ 0.79	0.80 ~ 1.00
相关程度	非常弱相关	弱相关	中等相关	强相关	非常强相关

第9章 软件缺陷密度预测实例

根据第8章给出的软件缺陷密度预测模型,本章结合实例从两个方面对软件缺陷密度进行预测和对比分析。一方面是根据度量元数据和缺陷数据进行预测,探讨软件度量元和缺陷密度之间的关系;另一方面是根据测试过程数据和缺陷数据进行预测,并探讨两者之间的关系。

9.1 数 据 采 集

9.1.1 度量元数据采集

软件度量元是软件自身的属性,有许多工具软件可以对软件进行静态分析,进而自动产生度量元值。本书中所用到的软件度量元都通过 Logiscope 静态分析工具进行采集,采集流程如图9-1所示。

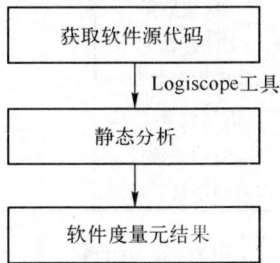

```
┌─────────────────┐
│   获取软件源代码   │
└─────────────────┘
         │ Logiscope工具
         ▼
┌─────────────────┐
│     静态分析      │
└─────────────────┘
         │
         ▼
┌─────────────────┐
│   软件度量元结果   │
└─────────────────┘
```

图9-1 度量元数据采集流程

Logiscope 是一款非常优秀的软件静态分析工具,能够采集应用程序级、文件级、类级和函数级四级代码度量。

应用程序级度量元反映软件总体属性,如调用图深度、耦合因子、函数平均环形复杂度、函数平均大小等,共11个度量元,如表9-1所列。其中最小值、最大值为度量元值的范围,在此范围之内被认为是适当的,超出范围被认为会影响软件的保障性。

第二个层次为文件级度量元,文件指软件项目的源文件,其属性包括文件注释率、声明数量、文件行数等,共10个度量元,如表9-2所列。

表 9-1　应用程序级度量元

序号	度量元名称	度量元定义	度量元最小值	度量元最大值
1	ap_ahf	属性隐藏因子	0.7	1
2	ap_aif	属性继承因子	0.3	0.6
3	ap_cgd	调用图深度	1	12
4	ap_cof	耦合因子	0	0.18
5	ap_comf	应用程序注释率	0.2	+∞
6	ap_inhg	继承树深度	1	5
7	ap_mhf	方法隐藏因子	0.1	0.4
8	ap_mif	方法继承因子	0.6	0.8
9	ap_pof	多态因子	0	0.2
10	ap_wmc	函数平均环形复杂度	1	3
11	ap_aline	函数平均大小	1	+∞

表 9-2　文件级度量元

序号	度量元名称	度量元定义	度量元最小值	度量元最大值
1	md_comf	文件注释率	0.2	+∞
2	md_dcl	声明数量	0	25
3	md_expfn	导出函数数量	0	15
4	md_expva	导出变量数量	0	1
5	md_impmo	导入模块数量	0	4
6	md_line	文件行数	0	600
7	md_n2	不同操作数数量	0	100
8	md_stat	语句数量	0	250
9	md_types	声明的类型数量	0	5
10	md_vars	声明的变量数量	0	10

　　第三个层次为类级度量元,描述类的属性,如类注释率、属性数量、方法数量等,共11个度量元,如表9-3所列。

表 9-3　类级度量元

序号	度量元名称	度量元定义	度量元最小值	度量元最大值
1	cl_comf	类注释率	1	+∞
2	cl_data	属性数量	0	7
3	cl_datap	公有属性数量	0	0
4	cl_depm	依赖方法数量	0	10
5	cl_func	方法总数	0	25
6	cl_funcp	公有方法数量	0	15
7	cl_wmc	类的加权方法数	0	80

（续）

序号	度量元名称	度量元定义	度量元最小值	度量元最大值
8	cu_cdused	某个类使用的类数量	0	10
9	cu_cdusers	使用某个类的类数量	0	5
10	in_bases	基类数量	0	3
11	in_noc	子类数量	0	3

第四个层次为函数级度量元,描述各个函数的属性,如语句平均大小、函数注释率、路径数量、环形复杂度等,共 12 个度量元,如表 9-4 所列。

表 9-4　函数级度量元

序号	度量元名称	度量元定义	度量元最小值	度量元最大值
1	avg_size	语句平均大小	0	9
2	com_freq	函数注释率	0.2	$+\infty$
3	ct_nest	最大嵌套级别	0	3
4	ct_path	路径数量	0	80
5	ct_vg	环形复杂度	0	10
6	dc_calling	调用该函数的数量	0	7
7	dc_calls	该函数调用的数量	0	7
8	ic_param	参数数量	0	5
9	lc_stat	语句数量	0	30
10	n2	不同操作数数量	0	20
11	struc_pg	违反结构化编程数量	0	1
12	voc_freq	词频	0	4

9.1.2　软件测试过程数据及缺陷数据采集

软件测试过程数据包括测试项数、测试用例数、执行的测试用例数、未执行的测试用例数、通过的测试用例数、未通过的测试用例数等,这些数据和软件缺陷数据一样均来自软件测试过程。测试过程大致可以分为测试需求、测试设计、测试执行以及测试总结四个大的方面,如图 9-2 所示。

1. 测试需求

测试需求定义被测软件功能以及相关的测试,并详细说明测试方法和策略。测试方案的规划应当基于需求分析和设计文档。无论是自动测试还是人工测试,都应该符合测试要求。

根据测试需求制定《测试大纲》。从《测试大纲》中可以提取后续实验需要的三个测试过程数据,即软件类型、代码行、测试项。软件类型一般指嵌入式软件或非嵌入式软件;代码行是测试软件全部代码的总行数;测试项是对软件进

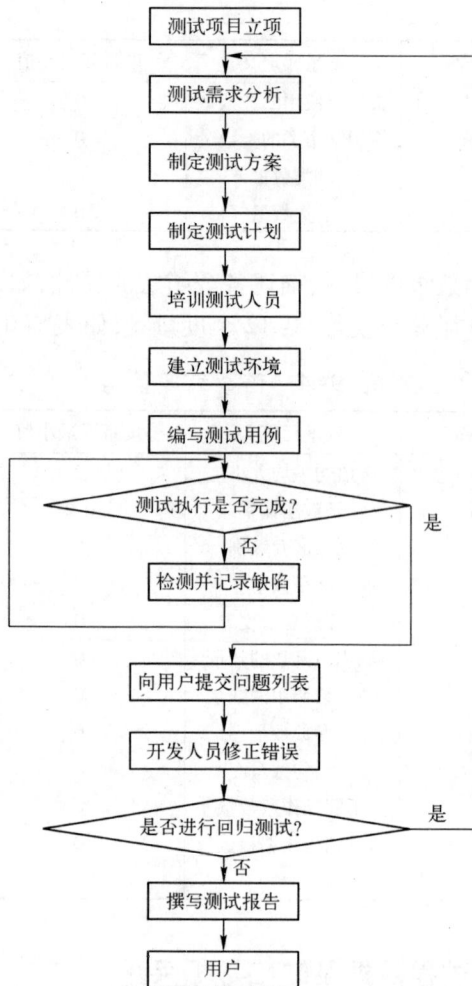

图 9-2　软件测试过程

行测试所划分的检测项。

2. 测试设计

　　测试设计包括制定测试方案、安排项目进度、培训测试员、建立测试环境、编写测试用例等。制定测试方案是对测试任务的总体规划；安排项目进度主要针对人员、时间进度以及风险管理进行合理安排；培训测试员一般挑选测试经验丰富、测试知识渊博以及常年进行测试工作的测试员，对它们进行统一培训；建立测试环境主要是对测试范围、测试工具、选取的办法和开发工具进行明确说明；编写测试用例是软件测试过程的重中之重。测试用例给出测试所需要的输入参数、要求和设置、期望得到的输出结果等，用来判别被测软件能否正常使用。好的测试用例有比较大的概率找到某些缺陷，成功的测试用例可以找到一些从未出现过的缺陷。

通过测试设计撰写《测试说明》。从《测试说明》中可以提取测试用例数。测试用例用于检测特定的测试项,一般每个测试项需要多个测试用例来进行检测。

3. 测试执行

按照《测试说明》中设计的测试用例逐个执行,并认真记录,产生测试《原始记录》,从中可以提取执行的测试用例数、未执行的测试用例数、通过的测试用例数以及未通过的测试用例数等。

4. 测试总结

软件测试工作结束后,要进行测试总结,产生《问题报告》和《测试报告》。从中可以提取软件缺陷数据,还可以根据缺陷的性质进一步细分,如可以分为严重问题、重要问题、一般问题以及建议问题。

9.2　基于度量元的软件缺陷密度预测

9.2.1　预测过程

按照第 8 章建立的软件缺陷密度预测模型,将软件度量元矩阵 X 和测试发现的缺陷密度矩阵 Y 作为模型的输入即可进行缺陷密度预测,预测过程共包括七个步骤,如图 9-3 所示。

第一步:获取度量元矩阵 X。根据本单位近年来测试的 33 个软件,使用 Logiscope 静态分析工具对其源代码进行分析,度量出四级 44 个度量元值,形成 $n \times m$ 维的度量元矩阵 X,其中 n 为项目数量,m 为度量元数量。

第二步:获取软件缺陷密度矩阵 Y。软件缺陷密度为缺陷数量 N 除以有效代码行数 KLOC,有效代码行数可以通过 Logiscope 静态分析工具自动度量,缺陷数量通过测试小组执行规范的测试过程获得,由此形成缺陷密度矩阵 Y。

第三步:度量元选择。对度量元矩阵 X 中的 m 个向量,分别与缺陷密度矩阵 Y 进行相关性分析,得出 44 个相关系数,通过选择 Spearman 相关系数进行分析,选择中等相关以上的度量元来构建预测模型。

第四步:训练集与测试集分组。将数据划分为训练集数据和测试集数据。训练集数据用于训练学习、创建预测模型。测试集数据用于测试模型预测效果。这两个数据集必须保证独立性。分组时一般使用 7-3 原则,即训练集与测试集之间的比例为 7:3。将矩阵 X 和矩阵 Y 进行划分,其中 7 份作为训练集,3 份作为测试集,即选取全部数据集中的前 22 组数据作为训练集,后 11 组数据作为测试集。与其他机器学习算法进行对比分析时也采用同样的分组方式。

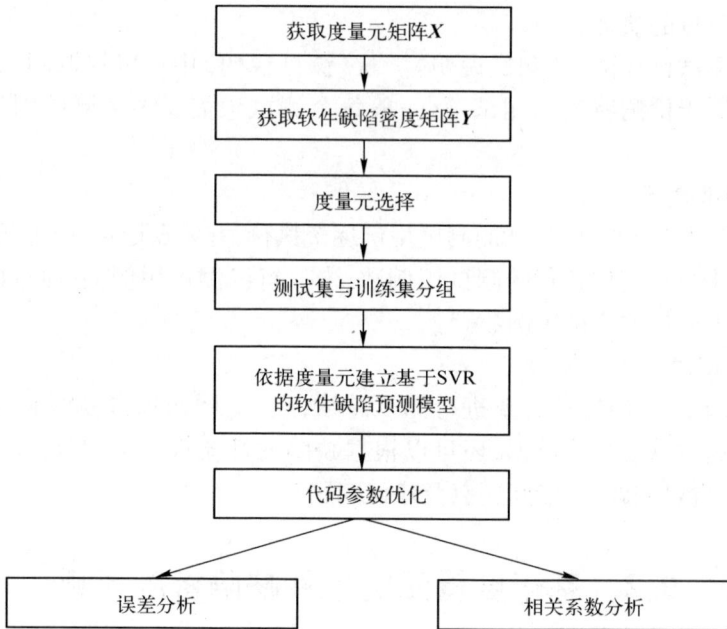

图 9-3　基于度量元的软件缺陷密度预测过程

第五步：基于 SVR 建立软件缺陷密度预测模型。利用 Matlab R2012a 平台，将训练集作为输入值，代入基于 SVR 算法建立的软件缺陷密度预测模型中。同时确定参数 $s=4$、$t=2$。

第六步：代码参数优化。通过本书提出的代码参数优化方法，得到最好的预测效果，并记录下与此对应的参数值。

第七步：实验结果误差分析与相关性分析。利用第三步经过相关性分析后选择的度量元、第四步训练集与测试集的分组、第五步建立的模型以及第六步对算法代码参数的优化，对测试集进行预测，并通过预测的缺陷密度和实际测试得出的缺陷密度的误差率及相关性来分析预测效果。

9.2.2　预测算法的实现

预测算法利用 Matlab R2012a 平台编程实现，具体实现过程如图 9-4 所示。

第一步：选择核心参数。对 SVR 算法的两个核心参数 s、t 进行随机组合。

第二步：依据原始数据度量元，对 SVR 算法进行训练。依据软件的度量元，经过相关性分析，选出相关性较大的 5 个度量元、按照训练集和测试集的分组情况以及选定的参数，对训练集进行模型训练。

第三步：得到度量元的训练模型。

第四步：进行度量元模型预测。通过把测试集代入到训练得到的度量元模

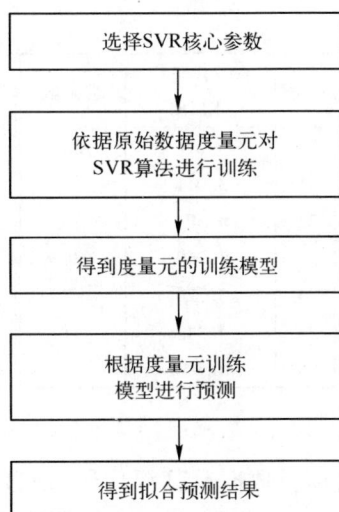

图 9-4　基于度量元的 SVR 算法实现过程

型中,进行模型的预测。

　　第五步:拟合度量元预测结果。通过度量元预测模型,得到拟合预测结果。

9.2.3　实验环境与数据

1. 实验环境

　　基于度量元的软件缺陷密度预测实验使用的工具有 Matlab R2012a、Weka 3.6 以及 LibSVM-3.14 工具包。计算机为 ThinkPad 笔记本,其 CPU 为 Intel(R)Core(TM)i7-3630QM@2.40GHz,内存为 8.00GB,操作系统为 Microsoft Windows 8,64 位。

2. 实验数据

1）获取缺陷数据

　　实验数据为本单位近年来从事的 33 个实际测评项目,这些项目均经过功能测试、性能测试、人机交互界面测试、边界测试、接口测试、安全性测试、代码审查、静态分析等测试类型的严格测试,项目基本情况如表 9-5 所列。

表 9-5　33 个实验项目基本情况

序号	有效代码行/KLOC	缺陷数	序号	有效代码行/KLOC	缺陷数	序号	有效代码行/KLOC	缺陷数
1	12.960	2	5	11.101	10	9	4.768	2
2	46.194	31	6	9.097	10	10	63.489	10
3	65.712	24	7	9.364	13	11	8.782	6
4	8.716	9	8	2.756	27	12	3.595	12

（续）

序号	有效代码行/KLOC	缺陷数	序号	有效代码行/KLOC	缺陷数	序号	有效代码行/KLOC	缺陷数
13	2.034	12	20	5.216	28	27	1.431	5
14	38.406	31	21	3.041	5	28	11.718	9
15	15.981	27	22	6.504	20	29	3.232	4
16	4.192	18	23	1.969	9	30	1.523	5
17	3.589	5	24	5.725	7	31	3.756	12
18	1.499	4	25	4.342	11	32	1.334	5
19	2.993	5	26	10.950	8	33	2.697	21

2）获取度量元数据

根据采集的 33 组实验项目数据及其源代码，通过 Logiscope 静态分析工具进行自动分析，产生 44 个度量元数据，其中应用程序级 11 个、文件级 10 个、类级 11 个、函数级 12 个。通过这 44 个度量元构成度量元矩阵 X，如表 9-6 ~ 表 9-9 所列（限于篇幅这里只给出前 8 个项目的数据）。

表 9-6　应用程序级度量元分析值

度量元	项目 1	项目 2	项目 3	项目 4	项目 5	项目 6	项目 7	项目 8
ap_ahf	0.6	0.25	0.23	0.26	0.16	0.26	0.22	0.77
ap_aif	0	0.01	0	0	0	0	0	0.09
ap_cgd	6	5	5	5	5	6	5	6
ap_cof	0.1	0.01	0.01	0.02	0	0	0	0.02
ap_comf	0.14	0.26	0.18	0.15	0.2	0.09	0.08	0.26
ap_inhg	2	3	2	2	2	2	2	3
ap_mhf	0.01	0.29	0.03	0.01	0.23	0.02	0.01	0.14
ap_mif	0	0.04	0	0	0	0	0	0.22
ap_pof	1	0.08	1	1	1	0.25	1	0.17
ap_wmc	1.8	1.79	1.87	2.45	2.54	1.13	1.1	1.93
ap_aline	14.66	13.955	15.012	30.751	24.691	6.5171	6.3384	15.54

表 9-7　文件级度量元分析值

度量元	项目 1	项目 2	项目 3	项目 4	项目 5	项目 6	项目 7	项目 8
md_comf	53.33%	20.24%	42.86%	38.46%	30.08%	27.42%	30.30%	26.82%
md_dcl	11.11%	15.48%	21.43%	23.08%	9.76%	18.55%	22.22%	13.97%
md_expfn	8.89%	13.10%	14.29%	9.23%	2.44%	11.29%	11.11%	8.38%
md_expva	0.00%	1.19%	7.14%	3.08%	10.57%	0.81%	3.03%	3.91%
md_impmo	6.67%	7.14%	14.29%	12.31%	17.89%	17.74%	9.09%	25.70%
md_line	0.00%	11.90%	14.29%	9.23%	2.44%	16.13%	17.17%	1.12%

（续）

度量元	项目1	项目2	项目3	项目4	项目5	项目6	项目7	项目8
md_n2	11.11%	20.24%	26.79%	24.62%	8.94%	28.23%	31.31%	12.29%
md_stat	2.22%	11.90%	12.50%	9.23%	3.25%	15.32%	15.15%	0.56%
md_types	0.00%	1.19%	1.79%	3.08%	0.81%	2.42%	1.01%	6.70%
md_vars	15.56%	21.43%	30.36%	23.08%	19.51%	24.19%	25.25%	17.88%

表9-8 类级度量元分析值

度量元	项目1	项目2	项目3	项目4	项目5	项目6	项目7	项目8
cl_comf	100%	50.00%	100%	66.67%	23.08%	95.65%	98.20%	69.51%
cl_data	10.00%	52.63%	11.11%	8.33%	7.69%	4.35%	3.24%	23.17%
cl_data_publ	30.00%	65.79%	33.33%	33.33%	84.62%	8.70%	4.32%	19.51%
cl_dep_meth	30.00%	39.47%	44.44%	8.33%	7.69%	45.41%	51.44%	7.32%
cl_func	10.00%	26.32%	33.33%	8.33%	0.00%	22.46%	25.90%	13.41%
cl_func_publ	20.00%	26.32%	33.33%	8.33%	0.00%	36.23%	40.29%	24.39%
cl_wmc	0.00%	10.53%	33.33%	8.33%	0.00%	6.52%	5.76%	0.00%
cu_cdused	0.00%	18.42%	0.00%	0.00%	0.48%	0.36%	1.22%	
cu_cdusers	0.00%	18.42%	0.00%	0.00%	0.00%	0.00%	0.00%	9.76%
in_bases	0.00%	18.42%	0.00%	0.00%	0.00%	0.00%	0.00%	0.00%
in_noc	0.00%	18.42%	0.00%	0.00%	0.00%	0.00%	0.00%	2.44%

表9-9 函数级度量元分析值

度量元	项目1	项目2	项目3	项目4	项目5	项目6	项目7	项目8
avg_size	4.79%	3.13%	4.90%	4.16%	1.20%	2.28%	1.69%	1.06%
com_freq	75.00%	48.44%	76.08%	59.00%	51.65%	89.62%	89.97%	47.49%
ct_nest	0.53%	2.38%	1.88%	3.32%	2.70%	0.31%	0.15%	1.32%
ct_path	0.53%	0.45%	1.69%	1.94%	0.90%	0.18%	0.13%	0.40%
ct_vg	0.00%	1.19%	2.45%	2.49%	1.50%	0.37%	0.25%	1.19%
dc_calling	1.06%	0.00%	0.00%	0.55%	0.30%	0.02%	0.00%	0.26%
dc_calls	14.36%	12.22%	6.97%	11.08%	15.92%	1.07%	1.26%	5.01%
ic_param	1.60%	4.02%	2.64%	2.22%	2.10%	1.46%	1.24%	0.92%
lc_stat	2.13%	4.47%	6.97%	9.70%	6.31%	0.66%	0.72%	3.69%
n2	12.77%	9.99%	7.16%	20.78%	21.62%	1.32%	1.40%	6.46%
struc_pg	13.83%	9.24%	6.21%	17.17%	26.43%	1.25%	1.21%	19.66%
voc_freq	2.13%	3.13%	4.71%	7.76%	2.40%	0.44%	0.38%	1.72%

对于缺陷密度，用测试出的缺陷数 N 除以有效代码行数 KLOC 得出实际的缺陷密度，构成缺陷密度矩阵 Y，如表9-10所列。

表 9-10　缺陷密度矩阵 **Y**

序号	缺陷密度	序号	缺陷密度	序号	缺陷密度	序号	缺陷密度	序号	缺陷密度
1	0.154	8	9.797	15	1.69	22	3.075	29	1.238
2	0.671	9	0.419	16	4.294	23	4.571	30	3.283
3	0.365	10	0.158	17	1.393	24	1.223	31	3.195
4	1.033	11	0.683	18	2.668	25	2.533	32	3.748
5	0.901	12	3.338	19	1.671	26	0.731	33	7.786
6	1.099	13	5.9	20	5.368	27	3.494		
7	1.388	14	0.807	21	1.644	28	0.768		

3）度量元选择分析

利用 Spearman 秩相关系数对四级 44 个度量元与软件缺陷密度的相关性进行分析，结果如表 9-11 所列。

表 9-11　度量元与缺陷密度的相关性

序号	度 量 元	相关系数	序号	度 量 元	相关系数
	应用程序级			类级	
1	ap_ahf	0.3542	22	cl_comf	0.2765
2	ap_aif	− 0.0425	23	cl_data	0.2632
3	ap_cgd	− 0.158	24	cl_datap	0.1487
4	ap_cof	0.5907	25	cl_depm	0.1628
5	ap_comf	0.064	26	cl_func	− 0.1388
6	ap_inhg	− 0.1299	27	cl_funcp	− 0.1832
7	ap_mhf	0.3792	28	cl_wmc	0.1637
8	ap_mif	− 0.0425	29	cu_cdused	− 0.4345
9	ap_pof	0.2593	30	cu_cdusers	− 0.4399
10	ap_wmc	0.3074	31	in_bases	− 0.3479
11	ap_aline	0.0732	32	in_noc	− 0.4152
	文件级			函数级	
12	md_comf	0.1397	33	avg_size	− 0.0892
13	md_dcl	− 0.0126	34	fun_comf	− 0.2513
14	md_expfn	0.1317	35	ct_nest	0.364
15	md_expva	− 0.3102	36	ct_path	0.1856
16	md_impmo	− 0.1157	37	ct_vg	0.193
17	md_line	− 0.0139	38	dc_calling	− 0.1377
18	md_n2	0.0144	39	dc_calls	0.2828
19	md_stat	− 0.0301	40	ic_param	− 0.1276
20	md_types	− 0.311	41	lc_stat	0.2697
21	md_vars	0.1608	42	n2	0.3436
			43	struc_pg	0.4489
			44	voc_freq	0.2901

根据相关系数评价指标,这里选择相关系数大于 0.4(中等相关)的度量元,共有 5 个:ap_cof、struc_pg、cu_cdusers、cu_cdused 和 in_noc,即耦合因子、违反结构化编程数量、使用某个类的类数量、某个类使用的类数量和子类数量。

通过表 9-11 可以看出,相关性最大的度量元是 ap_cof,相关系数为 0.5907,ap_cof 即耦合因子,代表类之间的非继承引用关系,这表明类之间的耦合越紧密,则软件缺陷密度越大。相关性第二大的度量元是 struc_pg,相关系数为 0.4489,该度量元代表违反结构化编程数量,即使用非结构化语句(如 goto、break、continue 语句)越多,则缺陷密度越大。相关性第 3 至第 5 的度量元依次是 cu_cdusers、cu_cdused 和 in_noc,相关系数分别为 −0.4399、−0.4345、−0.4152。这 3 个度量元均为负相关,也就是说类之间的调用数量和子类数量越多,则缺陷密度越小。

上述 5 个度量元的相关性分析结果和日常编程规则完全吻合,因此本书选取这 5 个度量元在 Matlab R2012a 平台上建立缺陷密度预测模型。

9.2.4　实验结果误差分析

1. 优化参数实验结果的误差分析

根据要求将数据划分为训练集数据和测试集数据,这两个数据集必须保持一定的独立性。训练集数据用于训练学习、创建预测模型,测试集数据用于测试模型预测效果。在 Matlab R2012a 平台上,本书将训练集和测试集按照 7:3 的比例进行分组,取全部数据集中的前 22 组数据作为训练集,后 11 组数据作为测试集,一起作为模型的输入值,基于 SVR 算法进行预测。选择不同参数的预测结果如表 9-12 所列。

表 9-12　选择不同参数的预测结果

参　数	$s=3$ $t=0$	$s=3$ $t=1$	$s=3$ $t=2$	$s=4$ $t=0$	$s=4$ $t=1$	$s=4$ $t=2$
预测值 (p)	1.8867	1.3916	1.6432	2.4317	1.8797	2.0885
	1.6125	1.391	1.4711	1.7098	1.8791	1.8121
	1.6291	1.3911	1.479	1.732	1.8791	1.8201
	1.4693	1.3908	1.4182	1.8275	1.8791	1.8542
	1.3943	1.3907	1.3806	1.7459	1.8791	1.8224
	1.557	1.391	1.4422	1.5685	1.879	1.7642
	1.2403	1.3907	1.3142	1.7303	1.8791	1.8163
	1.3888	1.3907	1.388	1.9425	1.8791	1.8997
	1.597	1.3909	1.4933	2.1402	1.8792	1.9775
	1.5726	1.3909	1.4876	2.1304	1.8792	1.9737
	1.3454	1.3907	1.3697	1.8818	1.8791	1.8758

根据表 9-12 得到的预测结果,结合待测的测试集,计算与真实值之间的均方根误差、平均绝对误差、相对平方根误差和相对绝对误差,并计算在四个评价

指标下 SVR 算法的平均值，得到汇总结果，如表 9-13 所列。

表 9-13 SVR 评价指标分析结果

		均方根误差	平均绝对误差	相对平方根误差	相对绝对误差
参数	$s=3$ $t=0$	2.4516	1.7925	1.2415	1.186
	$s=3$ $t=1$	2.5228	1.8617	1.2775	1.2319
	$s=3$ $t=2$	2.4848	1.8233	1.2583	1.2064
	$s=4$ $t=0$	2.153	1.5894	1.0903	1.0517
	$s=4$ $t=1$	2.2516	1.7285	1.1402	1.1437
	$s=4$ $t=2$	2.2132	1.6764	1.1208	1.1093
平均值		2.3462	1.7453	1.1881	1.1548

根据以上分析，利用相关性分析选择的 5 个度量元，当参数 $s=4$、$t=0$ 时，四项误差评价指标都有着最低的误差率，因此把实验中参数 $s=4$、$t=0$ 作为最优参数，以此来建立软件缺陷密度预测模型。

2. 和其他机器学习算法的比较

为了验证基于 SVR 算法的预测效果，本书与 13 个其他机器学习算法进行对比分析。选择相同的训练集和测试集作为输入值，使用 Weka 3.6 工具中的机器学习算法进行预测，得出相应的预测数据集，计算每种机器学习算法的结果以及所有机器学习算法的平均值。在四个评价指标下对 SVR 算法的平均值与各个机器学习算法进行对比分析。结果如表 9-14 所列、图 9-5 ~ 图 9-8 所示。

表 9-14 和其他机器学习算法的对比分析结果

模 型	均方根误差	平均绝对误差	相对平方根误差	相对绝对误差
平均 SVR	2.3462	1.7453	1.1881	1.1548
AddditiveRegression（AR）	56.5755	44.5096	49.3785	47.8932
Bagging	12.3857	9.3781	11.3749	10.4788
CVParameterSelsction（CVPS）	21.4196	16.677	18.3118	17.937
GaussianProcesses（GP）	28.011	17.1898	26.5698	20.2244
IBK	9.7793	6.4721	8.7183	7.7183
IsotonicRegreesion（IR）	22.678	17.0983	20.3545	18.3894
KStar（KS）	21.1485	14.7943	16.8913	18.0912
LinearRegression（LR）	24.0876	16.3782	19.0272	17.9617
LWL	49.0279	39.4873	45.2474	42.7845
MultilayerPerceptron（MP）	17.0832	12.2787	15.3792	13.7924
PaceRegression（PR）	28.2882	23.3775	25.7973	26.4782
RBFNetwork（RBFN）	18.8095	14.2663	17.0267	15.9267
SimpleLinearRegression（SLR）	26.8732	21.3873	23.489	25.2373

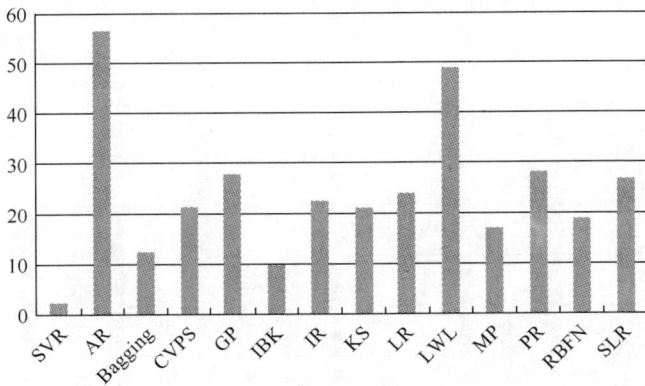

图 9-5 均方根误差

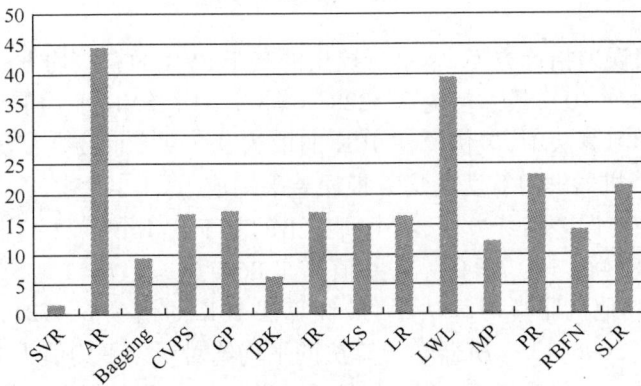

图 9-6 平均绝对误差

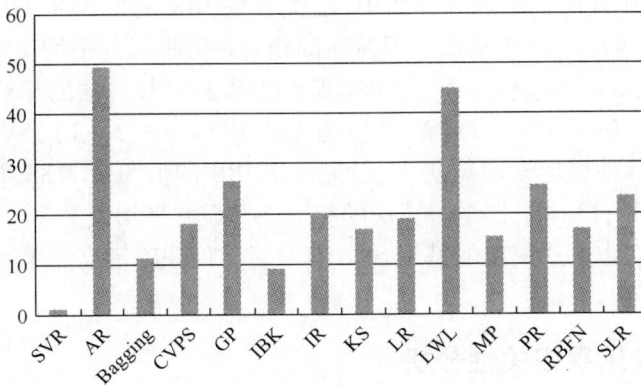

图 9-7 相对平方根误差

从表 9-14、图 9-5～图 9-8 可以看出,本书提出的基于 SVR 的方法预测值与真实值的误差明显小于其他机器学习算法。

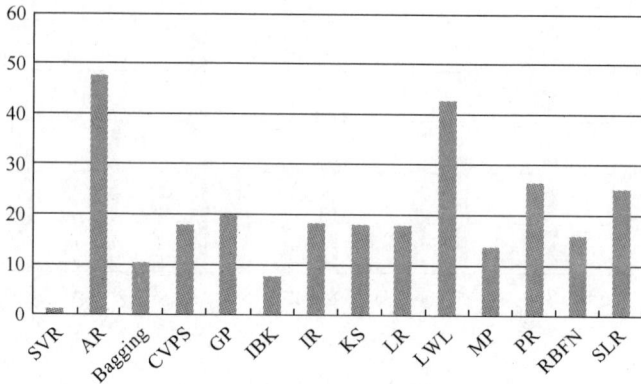

图 9-8　相对绝对误差

在均方根误差指标方面,本书所提出的基于 SVR 的算法均方根误差最优值为 2.153$(s=4、t=0)$,最差值为 2.5228$(s=3、t=1)$,SVR 平均值为 2.3462,而在其他机器学习算法中,最优算法 IBK 的值为 9.7793,而最差算法 AR 的值为 56.5755,13 个机器学习算法的均方根误差平均值为 24.1795。

在平均绝对误差指标方面,本书所提出的基于 SVR 的算法的平均绝对误差最优值为 1.5894$(s=4、t=0)$,最差值为 1.8617$(s=3、t=1)$,SVR 平均值为 1.7453,而在其他机器学习算法中,最优算法 IBK 的值为 6.4721,而最差算法 AR 的值为 44.5096,13 个机器学习算法的平均绝对误差平均值为 18.2171。

在相对平方根误差指标方面,本书所提出的基于 SVR 的算法的相对平方根误差最优值为 1.0903$(s=4、t=0)$,最差值为 1.2775$(s=3、t=1)$,SVR 平均值为 1.1881,而在其他机器学习算法中,最优算法 IBK 的值为 8.7183,最差算法 AR 的值为 49.4785,13 个机器学习算法的相对平方根误差平均值为 21.3396。

在相对绝对误差指标方面,本书所提出的基于 SVR 算法的相对绝对误差最优值为 1.0517$(s=4、t=0)$,最差值为 1.2319$(s=3、t=1)$,SVR 平均值为 1.1548,而在其他机器学习算法中,最优算法 IBK 的值为 7.7183,最差算法 AR 的值为 47.8932,13 个机器学习算法的相对绝对误差平均值为 20.2906。

综上所述,本书所提出的基于 SVR 算法对软件缺陷密度的预测效果优于其他机器学习算法。

9.2.5　实验结果相关性分析

1. 选取不同度量元性能分析

为了验证通过相关性分析选择的 5 个度量元(即相关系数绝对值大于 0.4 的度量元)的预测性能,分别使用全部 44 个度量元、11 个应用程序级度量元、10

个文件级度量元、11 个类级度量元、12 个函数级度量元、相关系数绝对值大于 0.5 的度量元、相关系数绝对值大于 0.3 的度量元、相关系数绝对值大于 0.2 的度量元进行软件缺陷密度预测。预测时选择相同的前 22 组数据作为训练集,将剩余 11 组数据作为测试集,借助 Matlab R2012a 工具使用 SVR 算法并确定参数 $s=4$、$t=2$ 的情况下对软件缺陷密度进行预测,得到取不同度量元情况下的相关系数,结果如表 9-15 所列。

表 9-15　选择不同度量元的预测结果

度　量　元	相关系数
相关性分析选择的 5 个度量元	0.6727
全部 44 个度量元	− 0.6273
11 个应用程序级度量元	− 0.5727
10 个文件级度量元	− 0.4182
11 个类级度量元	− 0.6000
12 个函数级度量元	− 0.2545
相关系数绝对值大于 0.5 的度量元(1 个)	− 0.6203
相关系数绝对值大于 0.3 的度量元(13 个)	− 0.2455
相关系数绝对值大于 0.2 的度量元(20 个)	− 0.4273

从表 9-15 可以看出,使用通过相关性分析选择的 5 个度量元进行预测,其相关系数为 0.6727,预测结果和实际测试的缺陷密度相关性最大,使用全部 44 个度量元、11 个应用程序级度量元、10 个文件级度量元、11 个类级度量元、12 个函数级度量元、相关系数绝对值大于 0.5 的度量元、相关系数绝对值大于 0.3 的度量元、相关系数绝对值大于 0.2 的度量元预测结果均小于它,且都是负相关,由此说明选择的 5 个度量元具有较好的软件缺陷密度预测能力。

2. 优化参数实验结果的相关系数分析

为了进一步寻找更高的相关性。本书通过调试 SVR 算法中的不同参数,寻求最优参数下的最优结果,如表 9-16 所列。

表 9-16　参数优化选择预测结果

度　量　元	相关系数					
	$s=3$			$s=4$		
	$t=0$	$t=1$	$t=2$	$t=0$	$t=1$	$t=2$
相关性分析选择的 5 个度量元	− 0.0182	− 0.1182	0.1000	0.6727	0.4364	0.6727
全部 44 个度量元	0.6038	− 0.5797	0.6075	0.5563	− 0.5459	− 0.6273
11 个应用程序级度量元	0.4078	− 0.5428	0.5279	− 0.4812	− 0.4829	− 0.5727
10 个文件级度量元	0.4647	− 0.4195	0.5453	0.4692	0.4932	− 0.4182

（续）

度 量 元	相 关 系 数					
	s = 3			s = 4		
	t = 0	t = 1	t = 2	t = 0	t = 1	t = 2
11 个类级度量元	0.5083	− 0.5887	0.4075	0.5204	− 0.5137	− 0.6000
12 个函数级度量元	0.2617	− 0.2271	0.1038	− 0.2481	0.1338	− 0.2545
相关系数绝对值大于 0.5 的度量元	0.6203	0.6203	0.6203	0.6203	0.6203	0.6203
相关系数绝对值大于 0.3 的度量元	− 0.0455	0.0727	− 0.1364	0.4000	0.2000	− 0.2455
相关系数绝对值大于 0.2 的度量元	− 0.4909	− 0.4636	− 0.3545	− 0.5364	− 0.4636	− 0.4273

从表 9-16 可以看出，通过对所有参数的调试，找到最优参数，得到相关系数绝对值变大的 3 组度量元，以及相关系数绝对值不变的 2 组度量元。

相关系数绝对值变大的 3 组度量元分别为 10 个文件级度量元、12 个函数级度量元、相关系数绝对值大于 0.2 的度量元。在选取 10 个文件级度量元，最优参数为 $s = 3$、$t = 0$ 时，相关系数绝对值最大为 0.4647，比起原来在参数 $s = 4$、$t = 2$ 时的相关系数绝对值 0.4182 提高了 0.0465 的相关度；在选取 12 个函数级度量元，最优参数为 $s = 3$、$t = 0$ 时，相关系数绝对值最大为 0.2617，比起原来在参数 $s = 4$、$t = 2$ 时的相关系数绝对值 0.2545 提高了 0.0072 的相关度；在选取相关系数绝对值大于 0.2 的度量元，最优参数为 $s = 3$、$t = 0$ 时，相关系数绝对值最大为 0.4909，比起原来在参数 $s = 4$、$t = 2$ 时的相关系数绝对值 0.4273 提高了 0.0636 的相关度。

相关系数绝对值不变的 2 组度量元分别为通过相关性分析选择的 5 个度量元，也就是相关系数绝对值大于 0.4 的度量元。通过相关性分析选择的 5 个度量元，在参数 $s = 4$、$t = 0$ 与 $s = 4$、$t = 2$ 的情况下，都取得最大的相关系数绝对值 0.6727；选择相关系数绝对值大于 0.5 的度量元时，参数的任意组合都取得相同的相关系数绝对值 0.6203。

根据以上全部实验结果分析，本书通过相关性分析选择的 5 个度量元，即相关系数的绝对值大于 0.4 时，当参数 $s = 4$、$t = 0$ 或 2，有着最好的预测结果，相关系数绝对值为 0.6727，因此把实验中参数 $s = 4$、$t = 2$ 作为最优参数，以此来建立软件缺陷密度预测模型。

3. 和其他机器学习算法的比较

为了进一步验证基于 SVR 算法的性能，这里与 13 个其他机器学习算法进行对比，均使用通过相关性分析得到的 5 个度量元进行预测。用测试出的缺陷数 N 除以有效代码行数 KLOC 得出实际的缺陷密度矩阵 Y，用 Logiscope 静态分析工具获取 ap_cof、struc_pg、cu_cdusers、cu_cdused 和 in_noc 5 个度量元的值，产生度量元矩阵 **X**。

预测时选择相同的 22 组数据作为训练集，将剩余的 11 组数据作为测试集，通过 Matlab R2012a 以及 Weka 3.6 工具，采用 SVR、KStar(KS)、Gaussian-Processes(GP)、RBFNetwork(RBFN)、SimpleLinerRegression(SLR)等 14 个算法进行缺陷密度预测，结果如表 9-17 所列。图 9-9 给出对各个相关系数取绝对值后的直观比较结果。

表 9-17 不同算法预测结果与实际结果的相关性

模 型	SRCC	模 型	SRCC
SVR	0.6727	KStar(KS)	− 0.2278
AdditiveRegression(AR)	− 0.1139	LinearRegression(LR)	− 0.1273
Bagging	0.1185	LWL	− 0.0456
CVParameterSelsction(CVPS)	− 0.4727	MultilayerPercron(MP)	− 0.0545
GaussianProcesses(GP)	− 0.1455	PaceRegression(PR)	− 0.1182
IBk	− 0.3557	RBFNetwork(RBFN)	0.2891
Isotonicregression(IR)	− 0.2887	SimpleLinerRegression(SLR)	0.6203

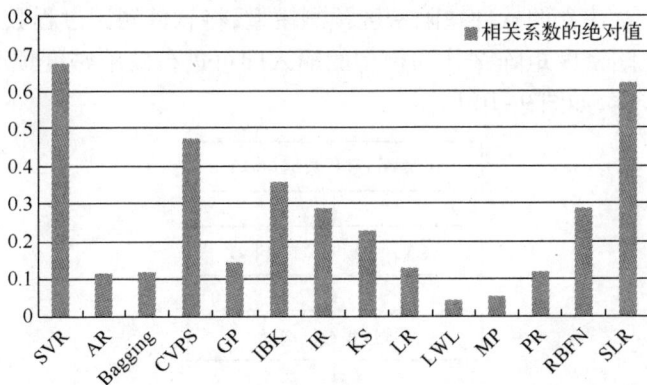

图 9-9 不同算法预测结果与实际结果的相关性

可以看出，本书提出的基于 SVR 方法的相关系数绝对值为 0.6727，是所有方法中相关系数绝对值最大的，比第二大的 SLR 算法的相关系数绝对值 0.6203 提高了 0.0524 相关度。

本节对应用程序级、文件级、类级和函数级度量元与软件测试缺陷密度进行了相关性分析，提取出耦合因子(ap_cof)、违反结构化编程数量(struc_pg)、使用某个类的类数量(cu_cdusers)、某个类使用的类数量(cu_cdused)和子类数量(in_noc)等 5 个与缺陷密度相关性较大的度量元。其中耦合因子和违反结构化编程数量为正相关，其绝对值分别为最大和第二大，这从一个侧面说明软件开发的松散耦合和结构化编程原则对提高软件质量具有非常重要的作用。使用某个类的类数量,某个类使用的类数量和子类数量为负相关,表明鼓励类之间的调用和继承,与减少代码冗余的编程原则相吻合。为了验证这 5 个度量元对软件缺陷密度的预测能力,利用 33 个实际测试项目进行了对比实验,结果表明,采用这 5 个度量元的预测结果优于采用全部 44 个度量元、各级度量元以及不同相关系数绝对值度量元的预测结果。

此外,通过对参数的调试,找到最优参数 $s=4$、$t=2$,建立预测模型,得到最高的相关系数绝对值 0.6727。接着和 13 个其他机器学习算法进行比较,对于收集的 33 个实际测试项目,采用基于 SVR 方法预测的缺陷密度和实际测试的缺陷密度 Spearman 秩相关系数绝对值为 0.6727,高于其他机器学习算法,说明基于 SVR 的方法具有较好的预测精度。

9.3 基于测试过程数据的软件缺陷密度预测

9.3.1 预测过程

按照第 8 章建立的软件缺陷密度预测模型,将软件测试过程数据矩阵 X 和测试发现的缺陷密度矩阵 Y 作为模型的输入即可进行缺陷密度预测,预测过程共包括七个步骤,如图 9-10 所示。

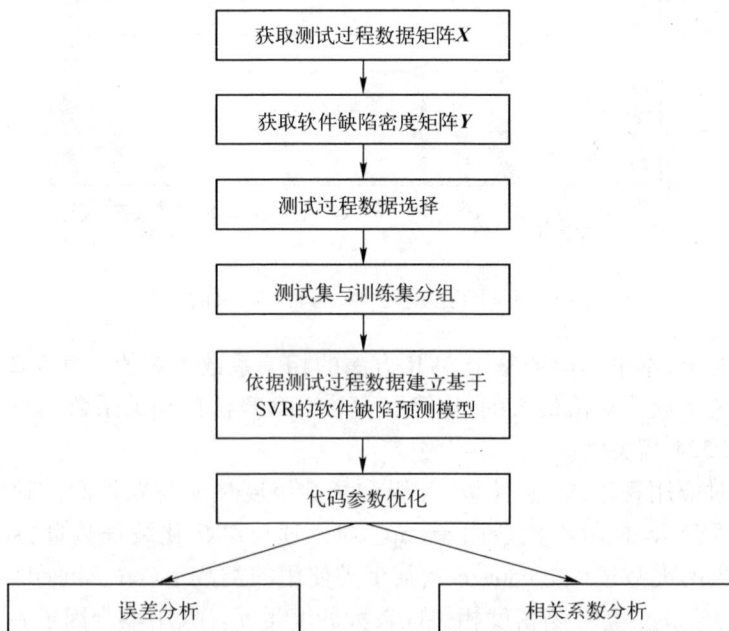

图 9-10 基于测试过程数据的软件缺陷密度预测过程

第一步:获取测试过程数据矩阵 X。根据本单位近年来实际测试的 65 个软件,从测试文档中提取测试过程数据,形成 $n \times m$ 维的测试过程数据矩阵 X,其中 n 为软件数量,m 为测试过程数据数量。

第二步:获取软件缺陷密度矩阵 Y。软件缺陷密度为缺陷数量 N 除以有效代码行数 KLOC,有效代码行数可以通过 Logiscope 静态分析工具自动度量,缺陷数量通过测试小组执行规范的测试过程获得,由此形成缺陷密度矩阵 Y。

第三步:测试过程数据选择。对测试过程数据矩阵 X 中的 m 个向量,分别与缺陷密度矩阵 Y 进行相关性分析,得出 10 个相关系数,通过 Spearman 相关系数进行分析,选择中等相关以上的度量元来构建预测模型。

第四步:测试集与训练组分组。训练集数据用于训练学习、创建预测模型。测试集数据用于测试模型预测效果。这两个数据集必须保证独立性。分组时一般使用 7 – 3 原则,即训练集与测试集之间的比例为 7∶3。将矩阵 X 和矩阵 Y 进行划分,其中 7 份作为训练集,3 份作为测试集。本书取全部数据集中的后 45 组数据作为训练集,前 20 组数据作为测试集。

第五步:基于 SVR 建立软件缺陷密度预测模型。在 Matlab R2012a 平台上,将训练集作为输入值,代入基于 SVR 算法建立的软件缺陷密度预测模型中,同时确定参数 $s = 4$、$t = 2$。

第六步:代码参数优化。通过本书提出的代码参数优化方法,得到最好的预测效果,并记录下与此对应的参数值。

第七步:实验结果误差分析与相关性分析。利用第三步经过相关性分析后选择的测试过程数据、第四步训练集与测试集的分组、第五步建立的模型以及第六步对算法代码参数的优化,对测试集进行预测,并通过预测的缺陷密度和实际测试得出的缺陷密度的误差率和相关性来分析预测效果。

9.3.2 预测算法实现

预测算法利用 Matlab R2012a 平台编程实现,具体实现过程如图 9 – 11 所示。

第一步:选择核心参数。对 SVR 算法的两个核心参数 s、t 进行随机组合。

第二步:依据测试过程数据,对 SVR 进行训练。依据软件测试得到的测试过程数据,经过相关性分析,选出相关性较大的两个测试过程数据、按照训练集和测试集的分组情况以及选定的参数,对训练集进行模型训练。

第三步:得到测试过程数据的训练模型。

第四步:进行测试过程数据模型测试。通过把测试集代入到训练得到的测试过程数据模型中,进行模型的预测。

第五步:拟合预测结果。通过测试过程数据预测模型,得到拟合预测结果。

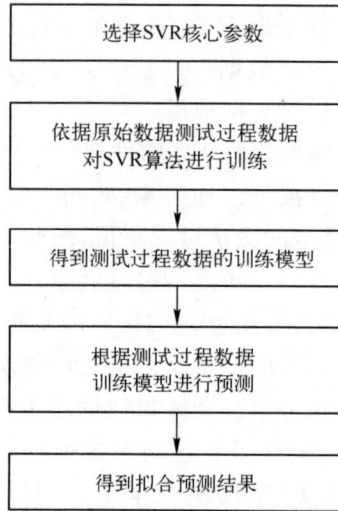

图 9-11　基于测试过程数据的 SVR 算法实现过程

9.3.3　实验环境与数据

1. 实验环境

基于测试过程数据的软件缺陷密度预测实验使用的工具有 Matlab R2012a、Weka 3.6 以及 LibSVM - 3.14 工具包。计算机为 ThinkPad 笔记本,其 CPU 为 Intel(R) Core(TM) i7 - 3630QM @2.40GHz,内存为 8.00GB,操作系统为 Microsoft Windows 8,64 位。

2. 实验数据

1)获取缺陷数据

实验数据为本单位近年来测试的 65 个软件,软件基本情况如表 9-18 所列。

表 9-18　65 个软件基本情况

序号	有效代码行/KLOC	缺陷数	序号	有效代码行/KLOC	缺陷数	序号	有效代码行/KLOC	缺陷数
1	13.087	9	9	6.821	1	17	0.764	2
2	12.452	5	10	16.203	1	18	9.995	1
3	39.493	5	11	2.425	4	19	0.904	4
4	12.350	16	12	15.882	6	20	12.163	8
5	29.385	28	13	37.535	20	21	10.179	1
6	18.430	14	14	4.609	6	22	16.378	1
7	19.347	10	15	1.355	6	23	43.538	1
8	13.909	7	16	12.124	3	24	16.628	3

（续）

序号	有效代码行/KLOC	缺陷数	序号	有效代码行/KLOC	缺陷数	序号	有效代码行/KLOC	缺陷数
25	21. 013	2	39	5. 138	4	53	30. 281	81
26	12. 527	2	40	7. 088	5	54	23. 938	39
27	37. 298	2	41	41. 000	17	55	129. 044	25
28	15. 915	2	42	1. 300	3	56	1. 267	14
29	46. 547	2	43	19. 000	7	57	2. 863	8
30	15. 106	2	44	7. 500	3	58	12. 846	31
31	72. 453	2	45	22. 751	38	59	0. 043	21
32	27. 511	1	46	34. 265	18	60	2. 952	2
33	66. 249	4	47	38. 693	35	61	8. 500	2
34	60. 750	4	48	14. 751	17	62	8. 244	6
35	107. 047	4	49	28. 653	30	63	9. 862	7
36	216. 692	1	50	192. 170	77	64	1. 500	2
37	201. 571	2	51	29. 014	35	65	0. 900	31
38	85. 473	2	52	15. 675	79			

2）获取测试过程数据

针对实测的 65 个软件，从《测试大纲》中提取软件类型、代码行、测试项数据，从《测试说明》中提取测试用例数，从《原始记录》中提取通过的测试用例和未通过的测试用例数，从《问题报告》中提取缺陷数，以及进一步细分的严重问题、重要问题、一般问题、建议问题数。由此构成测试过程数据矩阵 X，如表9-19 ~ 表9-22 所列。

表9-19　软件类型、代码行和测试项

序号	软件类型	代码行	测试项	序号	软件类型	代码行	测试项
1	非嵌	13087	42	14	非嵌	4609	20
2	非嵌	12452	28	15	非嵌	1355	11
3	非嵌	39493	22	16	非嵌	12124	14
4	非嵌	12350	53	17	嵌入式	764	32
5	非嵌	29385	67	18	嵌入式	9995	36
6	非嵌	18430	44	19	嵌入式	904	27
7	非嵌	19347	40	20	非嵌	12163	93
8	非嵌	13909	26	21	非嵌	10179	18
9	非嵌	6821	13	22	非嵌	16378	10
10	非嵌	16203	18	23	非嵌	43538	13
11	非嵌	2425	15	24	非嵌	16628	17
12	非嵌	15882	28	25	嵌入式	21013	26
13	非嵌	37535	47	26	非嵌	12527	13

（续）

序号	软件类型	代码行	测试项	序号	软件类型	代码行	测试项
27	非嵌	37298	22	47	非嵌	38693	62
28	非嵌	15915	17	48	非嵌	14751	47
29	非嵌	46547	7	49	非嵌	28653	73
30	非嵌	15106	11	50	非嵌	192170	162
31	非嵌	72453	9	51	非嵌	29014	93
32	非嵌	27511	13	52	非嵌	15675	48
33	非嵌	66249	13	53	非嵌	30281	38
34	非嵌	60750	16	54	非嵌	23938	93
35	非嵌	107047	28	55	非嵌	129044	35
36	非嵌	216692	22	56	嵌入式	1267	15
37	非嵌	201571	23	57	嵌入式	2863	9
38	非嵌	85473	22	58	嵌入式	12846	24
39	嵌入式	5138	10	59	嵌入式	43	71
40	嵌入式	7088	12	60	嵌入式	2952	8
41	非嵌	41000	62	61	嵌入式	8500	7
42	嵌入式	1300	10	62	嵌入式	8244	18
43	嵌入式	19000	17	63	嵌入式	9862	12
44	嵌入式	7500	13	64	嵌入式	1500	6
45	非嵌	22751	71	65	嵌入式	900	25
46	非嵌	34265	26				

表 9-20　测试用例

序号	测试用例	序号	测试用例	序号	测试用例	序号	测试用例	序号	测试用例	序号	测试用例
1	58	12	32	23	20	34	32	45	116	56	24
2	51	13	78	24	87	35	63	46	52	57	10
3	27	14	25	25	76	36	33	47	64	58	62
4	65	15	13	26	61	37	40	48	85	59	71
5	93	16	19	27	32	38	50	49	615	60	8
6	80	17	38	28	39	39	14	50	440	61	7
7	50	18	44	29	23	40	17	51	984	62	18
8	44	19	40	30	52	41	87	52	228	63	19
9	17	20	93	31	29	42	10	53	794	64	6
10	22	21	18	32	29	43	22	54	140	65	35
11	19	22	24	33	36	44	12	55	35		

表 9-21　通过用例和未通过用例

序号	通过用例	未通过用例	序号	通过用例	未通过用例	序号	通过用例	未通过用例	序号	通过用例	未通过用例
1	46	12	18	42	2	35	59	4	52	134	94
2	38	13	19	33	7	36	30	3	53	452	342
3	18	9	20	78	15	37	36	4	54	96	44
4	41	24	21	17	1	38	46	4	55	21	14
5	58	35	22	21	3	39	11	3	56	16	8
6	39	41	23	18	2	40	14	3	57	7	3
7	37	13	24	82	5	41	68	19	58	32	30
8	32	12	25	75	1	42	6	4	59	46	24
9	17	5	26	57	4	43	16	6	60	6	2
10	18	4	27	28	4	44	8	4	61	5	2
11	12	7	28	36	3	45	78	38	62	14	0
12	18	14	29	11	4	46	37	15	63	15	0
13	62	16	30	49	3	47	27	37	64	4	2
14	18	7	31	25	4	48	69	16	65	15	20
15	6	7	32	25	4	49	552	63			
16	13	6	33	29	7	50	266	174			
17	35	3	34	28	4	51	835	149			

表 9-22　缺陷数据

序号	严重问题	重要问题	一般问题	建议问题	问题统计	序号	严重问题	重要问题	一般问题	建议问题	问题统计
1	2	1	6	0	9	17	0	0	0	2	2
2	1	0	0	4	5	18	0	0	1	0	1
3	0	0	5	0	5	19	0	0	2	2	4
4	3	1	12	0	16	20	1	0	4	3	8
5	0	0	22	6	28	21	0	0	0	1	1
6	0	0	3	11	14	22	0	0	0	1	1
7	1	0	5	4	10	23	0	0	0	1	1
8	0	0	4	3	7	24	1	0	0	2	3
9	1	0	0	0	1	25	0	0	0	2	2
10	0	0	1	0	1	26	0	0	1	1	2
11	0	0	4	0	4	27	0	0	1	0	2
12	0	0	5	1	6	28	1	0	0	1	2
13	5	2	12	1	20	29	0	0	0	1	2
14	1	0	3	2	6	30	0	0	0	2	2
15	0	0	4	0	4	31	0	0	0	1	2
16	0	0	3	0	3	32	0	0	0	1	1

（续）

序号	严重问题	重要问题	一般问题	建议问题	问题统计	序号	严重问题	重要问题	一般问题	建议问题	问题统计
33	0	0	3	1	4	50	0	8	68	1	77
34	0	0	1	3	4	51	0	6	29	0	35
35	0	0	1	3	4	52	0	1	57	21	79
36	0	0	1	0	1	53	0	4	57	20	81
37	0	0	1	1	2	54	0	5	13	21	39
38	0	0	1	1	2	55	0	2	10	13	25
39	0	0	1	3	4	56	0	0	5	9	14
40	0	0	1	4	5	57	0	0	1	7	8
41	0	0	6	11	17	58	0	4	14	13	31
42	0	0	2	1	3	59	0	0	9	12	21
43	0	0	6	1	7	60	0	0	0	2	2
44	0	0	2	1	3	61	0	0	0	2	2
45	1	1	12	24	38	62	0	0	0	6	6
46	0	3	13	2	18	63	0	0	0	7	7
47	0	4	4	27	35	64	0	0	0	2	2
48	0	0	17	0	17	65	2	11	18	0	31
49	9	6	14	1	30						

　　根据获取的缺陷数据，用测试出的缺陷数 N 除以有效代码行数 KLOC 得出实际的缺陷密度，构成缺陷密度矩阵 Y，如表9-23所列。

表9-23　缺陷密度矩阵 Y

序号	缺陷密度	序号	缺陷密度	序号	缺陷密度	序号	缺陷密度	序号	缺陷密度	序号	缺陷密度
1	0.6877	12	0.3778	23	0.023	34	0.0658	45	1.6703	56	11.05
2	0.4015	13	0.5328	24	0.1804	35	0.0374	46	0.5253	57	2.7943
3	0.1266	14	1.3018	25	0.0952	36	0.0046	47	0.9046	58	2.4132
4	1.2955	15	2.952	26	0.1597	37	0.0099	48	1.1525	59	488.372
5	0.9529	16	0.2474	27	0.0536	38	0.0234	49	1.047	60	0.6775
6	0.7596	17	2.6178	28	0.1257	39	0.7785	50	0.4007	61	0.2353
7	0.5169	18	0.1001	29	0.043	40	0.7054	51	1.2063	62	0.7278
8	0.5033	19	4.4248	30	0.1324	41	0.4146	52	5.0399	63	0.7098
9	0.1466	20	0.6577	31	0.0276	42	2.3077	53	2.6749	64	1.3333
10	0.0617	21	0.0982	32	0.0363	43	0.3684	54	1.6292	65	34.444
11	1.6495	22	0.0611	33	0.0604	44	0.4	55	0.1937		

3）测试过程数据选择

通过对测试过程数据与软件缺陷密度的相关性分析，可以得到 Spearman 秩相关系数，如表 9-24 所列。

表 9-24　测试过程数据与缺陷密度相关系数

序　号	测试过程数据	相关系数	序　号	测试过程数据	相关系数
1	代码行	0.3946	6	严重问题	0.1273
2	测试项	0.4865	7	重要问题	0.3139
3	测试用例	0.5689	8	一般问题	0.2754
4	通过用例	0.1514	9	建议问题	0.2379
5	未通过用例	0.0183	10	问题统计	0.3018

根据相关系数评价指标，这里选择相关系数大于 0.4（中等相关）的测试过程数据，分别为相关系数为 0.4865 的测试项以及相关系数为 0.5689 的测试用例。因此本书选取这两个测试过程数据在 Matlab R2012a 平台上建立软件缺陷密度预测模型。

9.3.4　实验结果误差分析

1. 优化参数实验结果的误差分析

在 Matlab R2012a 平台上，将训练集和测试集按照 7:3 比例分组，这里取全部数据集中的后 45 组数据作为训练集，前 20 组数据作为测试集，一起作为模型的输入值，基于 SVR 算法以及确定参数 $s = 4$、$t = 2$ 进行预测。并对参数进行优化，得到最优预测结果，如表 9-25 所列。

表 9-25　选择不同参数的预测结果

参数	$s = 3$ $t = 0$	$s = 3$ $t = 1$	$s = 3$ $t = 2$	$s = 4$ $t = 0$	$s = 4$ $t = 1$	$s = 4$ $t = 2$
预测值 (p)	0.5693	− 2.0144	0.7283	0.6778	1.9214	0.7584
	0.404	− 2.0129	0.7199	0.586	1.9206	0.7533
	0.3299	− 2.01	0.7283	0.5322	1.9251	0.7584
	0.6995	− 2.0147	0.7283	0.751	1.9232	0.7584
	0.868	− 2.0293	0.7283	0.8572	1.9091	0.7584
	0.5961	− 2.0223	0.7283	0.7054	1.9072	0.7584
	0.5447	− 2.0121	0.7283	0.6599	1.924	0.7584
	0.3794	− 2.0119	0.7283	0.5687	1.9225	0.7584
	0.2228	− 2.0098	0.731	0.4694	1.9252	0.7521
	0.2822	− 2.0098	0.5609	0.5039	1.9252	0.6155

(续)

参数	$s=3$ $t=0$	$s=3$ $t=1$	$s=3$ $t=2$	$s=4$ $t=0$	$s=4$ $t=1$	$s=4$ $t=2$
预测值 (p)	0.2466	−2.0098	0.6753	0.4832	1.9252	0.7103
	0.4011	−2.01	0.7285	0.5729	1.9253	0.7585
	0.631	−2.022	0.7283	0.7226	1.9103	0.7584
	0.3062	−2.01	0.7283	0.5184	1.9251	0.7584
	0.1987	−2.0097	0.7169	0.4542	1.9252	0.7496
	0.2348	−2.0098	0.5056	0.477	1.9251	0.5503
	0.449	−2.0105	0.7283	0.6019	1.9251	0.7584
	0.4968	−2.0112	0.7283	0.6309	1.9246	0.7584
	0.3906	−2.0113	0.7281	0.5722	1.9236	0.7582
	1.1733	−2.0035	0.7283	1.0188	1.9477	0.7584

根据上述预测结果,结合待测的测试集,计算与真实值之间的均方根误差、平均绝对误差、相对平方根误差和相对绝对误差,并计算在四个评价指标下 SVR 算法的平均值,得到汇总结果,如表 9-26 所列。

表 9-26　SVR 评价指标分析结果

		均方根误差	平均绝对误差	相对平方根误差	相对绝对误差
参数	$s=3$ $t=0$	1.125	0.7009	1.0223	0.8603
	$s=3$ $t=1$	3.2221	3.0285	2.928	3.7172
	$s=3$ $t=2$	1.1327	0.7088	1.0294	0.87
	$s=4$ $t=0$	1.1935	0.7045	1.0846	0.8647
	$s=4$ $t=1$	1.4261	1.3294	1.2959	1.6317
	$s=4$ $t=2$	1.2741	0.7161	1.1578	0.879
平均值		1.5622	1.198	1.4197	1.4705

根据以上全部实验结果分析,本书通过相关性分析选择的两个测试过程数据,当参数 $s=3$、$t=0$ 时,有着最低的误差率,因此把实验中参数 $s=3$、$t=0$ 作为最优参数,以此来建立软件缺陷密度预测模型。

2. 与其他机器学习算法的比较

为了验证基于 SVR 算法的预测效果,本书与 13 个其他机器学习算法进行对比分析。选择相同的训练集和测试集作为输入值,使用 Weka 3.6 工具中的机器学习算法进行预测,得出相应的预测数据集,计算每种机器学习算法在评价指标下的结果以及 13 种机器学习算法的平均值。在四个评价指标下将 SVR 算法的平均值与各个机器学习算法进行对比分析,结果如表 9-27 所列、图 9-12 ~ 图 9-15 所示。

表 9-27　和其他机器学习算法的对比分析结果

模型	均方根误差	平均绝对误差	相对平方根误差	相对绝对误差
平均 SVR	1.5622	1.198	1.4197	1.4705
AR	42.8086	26.1104	38.9022	32.0483
Bagging	10.5719	9.6556	9.6072	11.8514
CVPS	11.6014	11.5491	10.5427	14.1755
GP	22.2865	18.3437	20.2528	22.5153
IBK	10.4023	4.1899	9.4530	5.1427
IR	25.9490	10.3727	23.5811	12.7316
KS	27.9991	14.1206	25.4441	17.3319
LR	11.6014	11.5491	10.5427	14.1755
LWL	41.1597	14.1460	37.4037	17.3630
MP	20.6562	15.3631	18.7713	18.8569
PR	22.0446	18.1784	20.0330	22.3124
RBFN	13.0850	13.0387	11.8909	16.0039
SLR	16.2962	13.1759	14.8091	16.1722

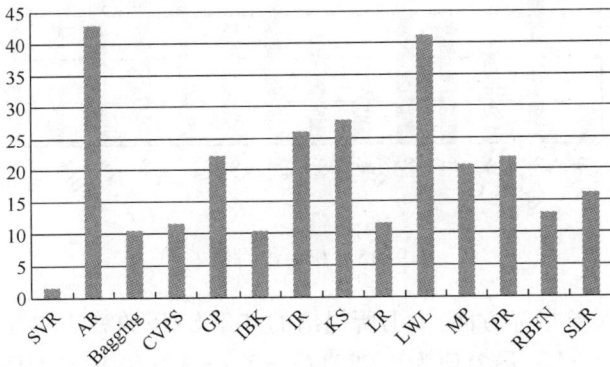

图 9-12　均方根误差

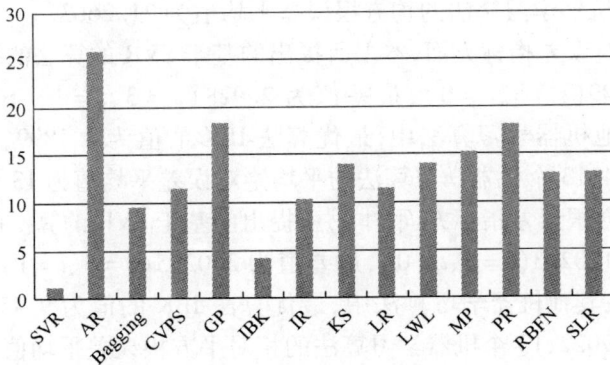

图 9-13　平均绝对误差

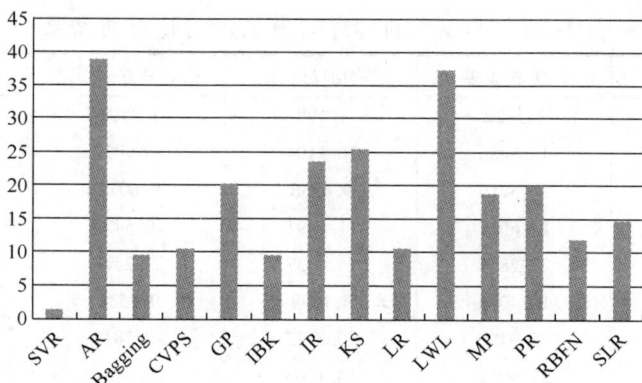

图9-14　相对平方根误差

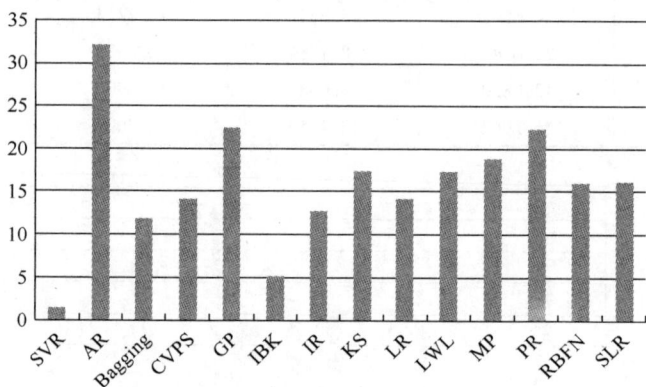

图9-15　相对绝对误差

在均方根误差指标方面,本书所提出的基于 SVR 的算法均方根误差最优值为 1. 125($s=3$、$t=0$),最差值为 3. 2221($s=3$、$t=1$),SVR 平均值为 1. 5622,而在其他机器学习算法中,最优算法 IBK 的值为 10. 4023,最差算法 AR 的值为 42. 8086,13 个机器学习算法的均方根误差平均值为 21. 2663。

在平均绝对误差指标方面,本书所提出的基于 SVR 的算法的平均绝对误差最优值为 0. 7009($s=3$、$t=0$),最差值为 2. 928($s=3$、$t=1$),SVR 平均值为 1. 198,而在其他机器学习算法中,最优算法 IBK 的值为 4. 1899,最差算法 AR 的值为 26. 1104,13 个机器学习算法的平均绝对误差平均值为 13. 8303。

在相对平方根误差指标方面,本书所提出的基于 SVR 的算法的相对平方根误差最优值为 1. 0223($s=3$、$t=0$),最差值为 3. 0285($s=3$、$t=1$),SVR 平均值为 1. 4197,而在其他机器学习算法中,最优算法 IBK 的值为 9. 4530,最差算法 AR 的值为 38. 9022,13 个机器学习算法的相对平方根误差平均值为 19. 3257。

在相对绝对误差指标方面,本书所提出的基于 SVR 的算法的相对绝对误差

最优值为 $0.8603(s=3 \text{、} t=0)$，最差值为 $3.7172(s=3 \text{、} t=1)$，SVR 平均值为 1.4705，而在其他机器学习算法中，最优算法 IBK 的值为 5.1427，最差算法 AR 的值为 32.0483，13 个机器学习算法的相对绝对误差平均值为 16.9754。

综上所述，本书所提出的基于 SVR 的算法预测效果要优于其他机器学习算法。

9.3.5 实验结果相关性分析

1. 优化参数实验结果相关系数分析

为了更加全面地验证基于 SVR 算法的性能，下面对参数进行优化，将 65 组实验数据按照测试过程数据序号从小到大排列，依次进行训练集与测试集的分组，共得到 65 组分组情况下的相关系数，并计算相关系数绝对值的平均值，结果如表 9-28 所列。

表 9-28 不同分组和参数下的预测结果与实际结果的相关性

分组序号	相关系数					
	$s=3$			$s=4$		
	$t=0$	$t=1$	$t=2$	$t=0$	$t=1$	$t=2$
1	0.4647	−0.4195	0.5453	0.4692	0.4932	0.5760
2	0.4647	−0.4556	0.4884	0.4647	−0.2256	0.5837
3	0.4737	−0.4782	0.5631	0.4707	0.2812	0.6490
4	0.4617	−0.3774	0.4563	0.4662	0.3669	0.4563
5	0.4842	−0.5053	0.4563	0.4842	−0.4481	0.4563
6	0.5534	−0.4271	0.3721	−0.3338	−0.4165	0.3721
7	0.5383	−0.6316	0.5073	0.5534	−0.5053	0.3798
8	0.4752	0.3158	0.3608	0.5429	0.3925	0.3608
9	0.4737	0.3805	0.3705	0.4917	−0.5233	0.3705
10	0.4481	0.3534	0.4423	0.4481	0.2376	0.4423
11	0.5008	0.4526	0.5925	0.5008	−0.4707	0.5925
12	0.5053	0.4376	0.5585	0.5053	−0.5263	0.5585
13	0.6075	0.4707	0.6076	0.6075	−0.2932	0.6076
14	0.5233	−0.4797	0.2271	0.5143	−0.2045	0.3623
15	0.3669	−0.2992	0.6137	0.3669	−0.2451	0.6443
16	0.3038	−0.2165	0.5671	0.2571	−0.4632	0.5535
17	0.2602	0.2331	0.5264	0.2135	0.3218	0.5129
18	0.2722	0.3429	0.5370	0.2722	−0.2015	0.5249

（续）

分组序号	相关系数					
	$s=3$			$s=4$		
	$t=0$	$t=1$	$t=2$	$t=0$	$t=1$	$t=2$
19	0.2977	0.2015	0.4858	0.2977	−0.4045	0.4753
20	0.3820	−0.4015	0.5204	0.3820	0.3008	0.5099
21	0.3368	0.2466	0.5268	0.3368	0.3714	0.5148
22	0.3609	−0.5248	0.6021	0.4150	−0.2211	0.5825
23	0.4692	0.5820	0.4545	0.5188	0.4120	0.4304
24	0.6286	−0.6887	0.3416	0.5970	−0.3744	0.4485
25	0.6571	0.2541	0.3873	0.5880	0.4752	0.5317
26	0.6737	−0.2271	0.4219	0.5880	0.3850	0.4715
27	0.7083	−0.2556	0.4015	0.6211	−0.2556	0.4511
28	0.6917	−0.3459	0.3970	0.5910	−0.5444	0.5128
29	0.6767	0.2992	0.4045	0.5774	0.2602	0.4632
30	0.7549	0.4075	0.4316	0.6677	0.3669	0.4662
31	0.8692	0.3143	0.5188	0.6842	0.2556	0.4767
32	0.9820	0.4030	−0.3038	0.7835	0.3143	−0.3038
33	0.9680	0.5001	−0.2429	0.7258	0.4866	−0.2429
34	0.6949	0.4903	−0.2842	0.3880	0.2451	−0.2436
35	0.5046	0.4309	−0.2594	−0.3572	−0.3316	−0.2519
36	0.2421	0.6423	−0.3778	−0.4633	0.5791	−0.3778
37	0.2226	0.5911	0.2226	0.3369	0.5400	0.2301
38	0.2165	0.4332	−0.2196	−0.3203	0.3339	0.2993
39	0.2798	0.2166	−0.5326	0.2030	0.2226	−0.4573
40	0.2896	−0.3107	−0.3347	0.2896	−0.3302	−0.2896
41	0.4567	−0.5003	−0.419	0.4567	−0.4597	−0.4130
42	0.5779	−0.3415	−0.2918	0.3596	0.3490	−0.2813
43	−0.3896	−0.6680	−0.7222	0.5747	0.4408	−0.7041
44	−0.4664	−0.4919	−0.6996	−0.3610	0.4378	−0.6981
45	−0.5096	−0.4222	−0.7190	0.5548	−0.4237	−0.6964
46	−0.2369	−0.6557	−0.6145	0.5081	0.2851	−0.5572
47	0.2316	0.6214	0.6095	0.6665	−0.6274	−0.5583
48	0.2978	−0.3143	0.3778	0.7641	−0.2782	0.4200
49	0.3963	−0.4279	0.3876	0.8040	−0.3873	0.4388

（续）

分组序号	相关系数					
	$s=3$			$s=4$		
	$t=0$	$t=1$	$t=2$	$t=0$	$t=1$	$t=2$
50	0.4392	0.4061	0.5065	0.8589	0.4091	0.5156
51	0.4520	− 0.3813	0.4312	0.5152	− 0.6596	0.4418
52	0.4535	− 0.7017	0.4043	0.4520	0.8250	0.3387
53	0.5218	0.3248	0.3152	0.5278	0.2541	0.3291
54	0.6617	0.4556	0.5002	0.6707	− 0.2271	0.5002
55	0.6857	0.3158	0.4858	0.6857	0.4617	0.4858
56	0.6917	0.5820	0.6256	0.6767	0.4617	0.6256
57	0.5985	0.4180	0.6917	0.5910	0.4195	0.6917
58	0.3970	0.2406	0.6517	0.4045	0.3624	0.6364
59	0.3714	0.2015	0.5837	0.3714	0.4000	0.5434
60	0.3564	− 0.3414	0.6036	0.3639	− 0.3639	0.5768
61	0.3714	− 0.3774	0.5926	0.3789	− 0.3895	0.5484
62	0.4707	− 0.3865	0.3678	0.4632	0.4752	0.3321
63	0.5669	0.2015	0.5270	0.5519	0.3759	0.5146
64	0.5504	0.2135	0.5294	0.5338	− 0.3068	0.4983
65	0.4752	− 0.4887	0.6288	0.4752	0.4481	0.6187
平均绝对值	0.4879	0.4081	0.4731	0.4862	0.3870	0.4769

从表 9-28 可以看出，通过对所有参数的调试，找到最优参数情况下对应的最优实验结果。当参数 $s=3$、$t=0$ 时，第 32 组（训练集由序号 1 ~ 11、32 ~ 65 的数据组成，测试集由序号 12 ~ 31 的数据组成）的相关系数绝对值最大为 0.982；当参数 $s=3$、$t=1$ 时，第 52 组（训练集由序号 1 ~ 31、52 ~ 65 的数据组成，测试集由序号 32 ~ 51 的数据组成）的相关系数绝对值最大为 0.7017；当参数 $s=3$、$t=2$ 时，第 43 组（训练集由序号 1 ~ 22、43 ~ 65 的数据组成，测试集由序号 23 ~ 42 的数据组成）的相关系数绝对值最大为 0.7222；当参数 $s=4$、$t=0$ 时，第 50 组（训练集由序号 1 ~ 29、31 ~ 65 的数据组成，测试集由序号 30 ~ 49 的数据组成）的相关系数绝对值最大为 0.8589；当参数 $s=4$、$t=1$ 时，第 52 组（训练集由序号 1 ~ 31、52 ~ 65 的数据组成，测试集由序号 32 ~ 51 的数据组成）的相关系数绝对值最大为 0.825；当参数 $s=4$、$t=2$ 时，第 43 组（训练集由序号 1 ~ 22、43 ~ 65 的数据组成，测试集由序号 23 ~ 42 的数据组成）的相关系数绝对值最大为 0.7041。

从选用不同参数情况下所得相关系数绝对值的平均值方面可以看出，当 $s=3$、$t=0$ 时，相关系数绝对值的平均值 0.4879 为最好实验结果。当 $s=4$、$t=1$ 时，相关系数绝对值的平均值 0.387 为最差实验结果。

从全部实验结果可以看出，最高相关系数绝对值为 0.982，是在参数 $s=3$、

$t=0$取得。最高相关系数绝对值的平均值为0.4879,最优参数也是$s=3$、$t=0$。比开始实验时确定的参数$s=4$、$t=2$的预测效果要好,所以以此为最优参数,即在参数$s=3$、$t=0$的情况下建立软件缺陷密度预测模型。

2. 与其他机器学习算法的比较

为了进一步验证基于SVR算法的性能,本书与13个其他机器学习算法进行对比,均使用通过相关性分析选择的两个测试过程数据进行预测。预测时按照第32组的分组进行分组,通过Matlab R2012a以及Weka 3.6工具,采用SVR、KStar、IBk、LWL、GaussianProcesses(GP),RBFNetwork(RBFN)等13个算法进行缺陷密度预测,结果如表9-29所列。图9-16给出对各个相关系数取绝对值后的直观比较结果。

表9-29 不同算法预测结果与实际结果的相关性

模　型	相 关 系 数	模　型	相 关 系 数
SVR	0.982	KS	−0.3557
AR	−0.3429	LR	−0.2278
Bagging	0.2891	LWL	0.22
CVPS	0.2489	MP	−0.3781
GP	−0.4819	PR	0.0508
IBk	−0.1273	RBFN	−0.2887
IR	−0.1143	SLR	0.429

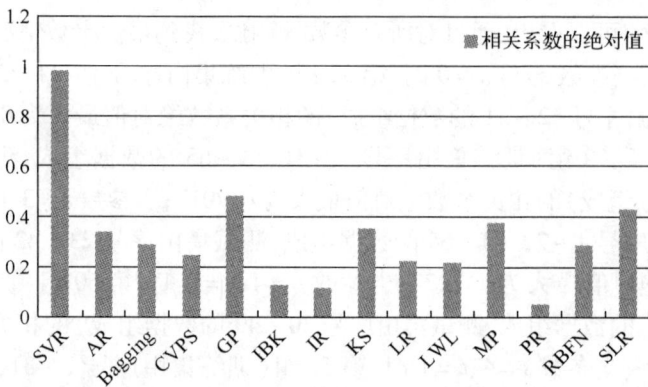

图9-16 不同算法预测结果与实际结果的相关性

从表9-29和图9-16可以看出,本书提出的基于SVR方法的相关系数绝对值为0.982,是所有方法中相关系数绝对值最大的,高于其他机器学习算法,比第二大的GP算法的相关系数绝对值0.4819提高了0.5001相关度,说明SVR算法具有较好的预测能力。

第10章 常用软件测试类型与测试方法

软件测试是保证软件质量、提高软件保障性的关键环节,通过软件测试发现的软件缺陷,是进行软件保障性分析重要的数据来源之一,据此可以完善软件保障方案和规划软件保障资源要求。

软件测试可以分为单元测试、部件测试、配置项测试和系统测试四个级别。对不同的测试级别,又可以采用多种测试类型进行测试,每种测试类型的侧重点不同,测试要求也不一样,本章简要介绍文档审查、代码审查、功能测试、性能测试以及接口测试等十余种测试类型的测试要求与测试方法。

10.1 文 档 审 查

软件文档是实施软件保障的重要技术资料。文档不全、内容不一致或者不能正确反映软件实际等都会影响软件保障工作的实施,在某些情况下甚至导致软件不可维护。文档审查作为一种基本测试类型,主要检查文档的完整性、一致性和准确性。

10.1.1 文档审查的一般要求

根据 GJB 2786A—2009[25] 的要求,在软件开发过程中可产生下列文档:运行方案说明、系统/子系统规格说明、接口需求规格说明、系统/子系统设计说明、接口设计说明、软件研制任务书、软件开发计划、软件配置管理计划、软件质量保证计划、软件安装计划、软件移交计划、软件测试计划、软件需求规格说明、软件设计说明、数据库设计说明、软件测试说明、软件测试报告、软件产品规格说明、软件版本说明、软件用户手册、软件输入/输出手册、软件中心操作员手册、计算机编程手册、计算机操作手册、固件保障手册、软件研制总结报告、软件配置管理报告以及软件质量保证报告。

针对不同的软件项目,不同的软件上级主管部门对产生的文档种类会有不同的要求,一般而言,至少应产生下列文档:系统/子系统设计说明、接口设计说明、软件研制任务书、软件开发计划、软件测试计划、软件需求规格说明、软件设计说明、数据库设计说明、软件测试说明、软件测试报告、软件用户手册。有时也可将软件设计说明细分为软件概要设计说明和软件详细设计说明。

对这些文档进行审查,总体上有如下要求:

(1) 文档的齐套性。根据 GJB 2786A—2009、GJB 438B—2009 以及软件上级主管部门的要求,确定需要产生的文档种类,据此检查文档的齐套性。

(2) 文档的完整性。检查文档内容是否完整,是否有缺项。

(3) 文档的一致性。检查不同文档之间的一致性,如软件需求和设计是否一致,软件设计和软件实现是否一致。在实际软件测评工作中发现,由于不同文档的起草人不同,导致在文档的一致性方面存在较多问题,如有些软件代码在设计文档中没有体现。

(4) 文档的规范性。一般在软件规划阶段确定软件文档种类及参照的标准,检查时要对照标准查看文档格式是否规范,要素是否齐全。

10.1.2　常用文档的审查要求

软件文档的种类繁多,限于篇幅这里只给出一些最常使用的文档审查要求,包括软件研制任务书、软件开发计划、软件需求规格说明、软件概要设计说明、软件详细设计说明、数据库设计说明以及软件用户手册。当然这些审查要求不一定全面和适用于所有软件,仅供大家参考。

1.《软件研制任务书》文档审查要求

以人工方式检查《软件研制任务书》的以下方面是否满足要求:

(1) 是否明确了文档的适用范围,即文档适用于哪些系统和计算机软件配置项(Computer Software Configuration Item,CSCI)。

(2) 引用文件是否完整、准确。

(3) 对文档中出现的专用术语和缩略语是否给出了明确的定义。

(4) 是否明确描述了系统的总体研制要求和系统体系结构。

(5) 是否明确定义了待开发的各个 CSCI 的名称、标识及关键等级等。

(6) 针对各个待开发的 CSCI,是否分别提出了详细研制要求,包括功能要求、性能要求、运行环境、支持环境、工作模式、接口关系、设计约束以及可靠性、安全性和其他要求。

(7) 是否明确规定了进度要求,进度要求是否合理可行。

(8) 是否明确规定了质量保证要求。

(9) 是否明确规定了测试要求。

(10) 是否明确提出了系统的验收标准。

(11) 是否明确规定了软件的维护要求。

(12) 是否明确规定了文档要求,包括文档种类和应遵循的标准或规范。

(13) 文档编写是否规范、完整、准确、一致。

2.《软件开发计划》文档审查

以人工方式检查《软件开发计划》的以下方面是否满足要求：

（1）引用文件是否完整、准确。

（2）对文档中出现的专用术语和缩略语是否给出了明确的定义。

（3）是否对软件项目的规模和开发工作量进行了估计；是否给出了项目估计所采用的方法或历史经验数据。

（4）是否明确定义了软件开发项目各个组织及其成员、职责、权限等。

（5）是否明确说明了完成软件开发项目必需的硬件和软件资源。

（6）是否合理定义了软件开发项目的所有活动及其进度；对各个活动，应说明起始时间、完成时间、活动说明、完成形式等。

（7）在技术、进度、成本等方面是否进行了风险分析；是否制定了降低风险的措施。

（8）是否明确了与其他软件承制方之间的接口或协议。

（9）是否明确了软件开发项目应遵循的标准或规范。

（10）文档编写是否规范、完整、准确、一致。

3.《软件需求规格说明》文档审查

以人工方式检查《软件需求规格说明》的以下方面是否满足要求：

（1）引用文件是否完整、准确。

（2）对文档中出现的专用术语和缩略语是否给出了明确的定义。

（3）是否以 CSCI 为单位进行了软件需求分析。

（4）是否分别描述了各个 CSCI 的功能和性能需求。

（5）是否完整、清晰、详细地描述了拟由待开发软件实现的全部外部接口。

（6）是否分别描述了各个 CSCI 的接口关系。

（7）是否对每个软件功能的输入、输出进行了细致地说明。

（8）是否对每个软件功能所对应的处理模型或处理流程（包括容错处理、异常处理等）进行了翔实的说明。

（9）对于安全关键软件，是否清晰地表示了软件必须处理的安全关键事件或危险事件。

（10）各个 CSCI 的功能是否满足软件研制任务书的要求。

（11）软件需求分析的方法、使用的工具是否得当。

（12）是否明确了对软件的非功能性要求。

（13）是否明确提出了软件的安全性、可靠性要求。

（14）是否明确提出了软件的易用性需求。

（15）是否明确提出了软件的维护性需求。

（16）是否明确提出了软件的可移植性需求。

（17）是否明确提出了软件的数据保密性、完整性要求。

（18）是否建立了软件需求和软件研制任务书的双向追踪关系。

（19）是否明确说明了各个 CSCI 数据元素的测量单位、值域、精度等。

（20）文档编写是否规范、完整、准确、一致。

4.《软件概要设计说明》文档审查

以人工方式检查《软件概要设计说明》的以下方面是否满足要求：

（1）引用文件是否完整、准确。

（2）对文档中出现的专用术语和缩略语是否给出了明确的定义。

（3）是否描述了各个 CSCI 在系统中的作用，以及 CSCI 和系统中其他的配置项的相互关系。

（4）是否做到了以软件部件为基础进行软件体系结构的设计，即体系结构中的组成部分必须为实体部件。

（5）软件体系结构是否合理、优化、稳健。

（6）是否将软件需求规格说明中定义的功能、性能等全部都分配给了具体的软件部件。

（7）为各个软件部件分配的功能、性能是否合理、适当。

（8）是否清晰、合理地定义了各个软件部件的接口。

（9）软件部件的扇入、扇出是否符合要求（一般应控制在 7 以下）。

（10）对于安全关键功能，是否落实了必要的设计策略。

（11）是否说明了软件可靠性设计的具体措施。

（12）是否清晰、合理地设计了软件部件之间的协同关系，如同步、互斥、顺序、并发等。

（13）是否明确说明了与每一软件部件相关的数据元素、消息、优先级、通信协议等。

（14）是否建立了软件设计与软件需求的追踪关系。

（15）文档编写是否规范、完整、准确、一致。

5.《软件详细设计说明》文档审查

以人工方式检查《软件详细设计说明》的以下方面是否满足要求：

（1）引用文件是否完整、准确。

（2）对文档中出现的专用术语和缩略语是否给出了明确的定义。

（3）是否将软件部件分解为软件单元（如采用面向对象的设计方式则应分解到类）。

（4）是否清晰描述了软件单元之间的关系。

（5）是否对每个单元的入口、出口给出清晰完整的设计。

（6）是否对每个软件单元规定了处理流程（对类给出其操作的功能、输入、输出、处理过程、算法等详细描述）。

（7）是否对每个软件单元的数据给出详细说明，包括单位、值域、精度等（对类给出其各属性的名称、类型、值域、精度等详细描述）。

（8）是否准确描述了软件详细设计与概要设计的追踪关系。

（9）文档编写是否规范、完整、准确、一致。

6.《数据库设计说明》文档审查

以人工方式检查《数据库设计说明》的以下方面是否满足要求：

（1）引用文件是否完整、准确。

（2）对文档中出现的专用术语和缩略语是否给出了明确的定义。

（3）是否进行了数据库系统概念、逻辑、物理设计。

（4）数据的逻辑结构是否满足完备性要求。

（5）数据的逻辑结构是否满足一致性要求。

（6）数据的冗余度是否合理。

（7）数据库的备份与恢复设计是否合理、有效。

（8）数据的存取控制是否满足数据的安全保密性要求。

（9）数据的组织方式和存取方法是否合理、有效。

（10）是否建立了数据库到系统或 CSCI 需求的追踪关系。

（11）文档编写是否规范、完整、准确、一致。

7.《软件用户手册》文档审查

以人工方式检查《软件用户手册》的以下方面是否满足要求：

（1）引用文件是否完整、准确。

（2）对文档中出现的专用术语和缩略语是否给出了明确的定义。

（3）是否准确描述了软件安装过程，完整列出安装的有关媒体情况及使用方法。

（4）是否准确描述了软件的各功能及操作说明，包括初始化、用户输入、输出、终止等信息。

（5）是否准确标识出软件的所有出错警告信息、每个出错警告信息的含义和出现该错误警告信息时应采取的恢复动作等。

（6）文档编写是否规范、完整、准确、一致。

10.2　代　码　审　查

软件源代码是软件最终实现的结果，代码质量优劣直接影响软件保障性。代码质量高则易于实施保障，反之则难以保障。代码审查作为一种测试类型，就是检查代码的一致性、规范性以及易读性等是否符合要求。

10.2.1 代码审查的一般要求

代码审查一般检查代码的如下方面：

（1）代码和设计的一致性。按照软件过程模型，代码实现阶段在软件需求分析和设计阶段之后，即先设计后编码，这是软件开发的基本要求。但在实际的软件开发工作中，往往存在先写代码后写设计，或代码修改了对应的设计文档没有修改，这都会导致代码和设计的不一致。代码和设计的一致性检查应该对照设计文档，逐步检查软件设计和代码的各个部分是否一一对应。

（2）代码逻辑表达的正确性。检查代码是否存在逻辑错误。

（3）代码结构的合理性。软件代码是多种功能的组合体，系统越复杂其代码实现也越复杂，如果代码结构不合理，显然会增加保障的难度。

（4）代码的可读性。软件保障的实施最终也要落实到代码上，因此代码的可读性也是软件保障非常重要的一个方面。代码结构合理、格式规范、注释全面准确等都有助于提高其可读性。

10.2.2 代码的规范性审查

代码的规范性审查就是检查代码执行标准的情况，一般借助源代码分析工具先定义规则，然后进行自动扫描。定义的规则要在编码之前就提供给开发方，否则查出的问题太多，修改难度非常大。

不同的程序设计语言有不同的规范性要求，下面以 C/C++程序设计语言为例进行简要介绍。

1. 代码版式规则

代码版式规则包含注释、操作符、代码规模与声明等，用于规范代码版式以便改进其可读性、可维护性与可理解性。

2. 复杂性规则

复杂性规则涉及操作符和语句复杂性，这些规则处理代码的复杂性以便改进其可理解性与可维护性。而且，这些规则可以改善代码的可靠性并降低出错的风险。

3. 控制流规则

控制流规则主要涉及控制语句，这些规则处理代码的控制流以改善其可理解性、可维护性与可分析性。

4. 命名规则

命名规则涉及应用程序中的所有名称并定义对应用程序的不同实体的命名方式。这些规则处理命名约定以便改善代码的可读性与可理解性。

5. 可移植性规则

可移植性规则涉及字符,关键字和 C 标准,遵循这些规则可以提高代码的可移植性。例如名称中可用的字符只能是字母(大写与小写)、数字和下划线字符"_"。上述不同种类的规则又可细分为许多不同的情况,限于篇幅,本书不展开介绍,感兴趣的读者可查阅源代码分析工具的帮助文档。

10.3　功　能　测　试

功能测试是对软件需求规格说明中的功能需求逐项进行的测试,以验证实现的功能是否满足需求。功能测试是软件测试工作的重点,除了根据软件需求和测试要求进行规划,还要采用一定的测试方法。常用的功能测试方法有等价类划分法、边界值分析法和错误推测法等。

10.3.1　等价类划分法

等价类划分法是把所有可能的输入数据,即程序的输入域划分成若干部分(子集),然后从每一个子集中选取少数具有代表性的数据作为测试用例。

1. 等价类

等价类是指某个输入域的子集合。在该子集合中,各个输入数据对于揭露程序中的错误都是等效的,并合理地假定:测试某等价类的代表值就等于对这一类其他值的测试。因此,可以把全部输入数据合理划分为若干等价类,在每一个等价类中取一个数据作为测试的输入,这样就可以用少量代表性的测试数据,取得较好的测试结果。等价类划分可有两种不同的情况:有效等价类和无效等价类。

有效等价类是指对于程序的规格说明来说是合理的、有意义的输入数据构成的集合。利用有效等价类可检验程序是否实现了规格说明中所规定的功能和性能。

无效等价类与有效等价类的定义恰巧相反。

设计测试用例时,要同时考虑这两种等价类。因为,软件不仅要能接收合理的数据,而且要能对错误输入做出正确判断,这样的测试才能确保软件具有更高的可靠性。

2. 划分等价类的方法

(1)在输入条件规定了取值范围或值的个数的情况下,则划分为一个有效等价类和两个无效等价类。

(2)在输入条件规定了输入值的集合或者规定了"必须如何"的条件的情

况下,则划分为一个有效等价类和一个无效等价类。

（3）在输入条件是一个布尔量的情况下,可确定一个有效等价类和一个无效等价类。

（4）在规定了输入数据的一组值（假定 n 个）,并且程序要对每一个输入值分别处理的情况下,则划分为 n 个有效等价类和一个无效等价类。

（5）在规定了输入数据必须遵守的规则的情况下,则划分为一个有效等价类（符合规则）和若干个无效等价类（从不同角度违反规则）。

（6）在确知已划分的等价类中各元素在程序处理中的方式不同的情况下,则再将该等价类进一步的划分为更小的等价类。

3. 设计测试用例

（1）设计一个新的测试用例,使其尽可能多地覆盖尚未被覆盖的有效等价类,重复这一步,直到所有的有效等价类都被覆盖为止;

（2）设计一个新的测试用例,使其仅覆盖一个尚未被覆盖的无效等价类,重复这一步,直到所有的无效等价类都被覆盖为止。

10.3.2 边界值分析法

边界值分析法是对等价类划分方法的补充。使用边界值分析方法设计测试用例,首先应确定边界情况。通常输入和输出等价类的边界,就是应着重测试的边界情况。应当选取正好等于,刚刚大于或刚刚小于边界的值作为测试数据,而不是选取等价类中的典型值或任意值作为测试数据。具体可参阅第 10.7 节的介绍。

10.3.3 错误推测法

错误推测法是基于经验和直觉推测程序中所有可能存在的各种错误,从而有针对性地设计测试用例的方法。

其基本思想是列举出程序中所有可能有的错误和容易发生错误的特殊情况,根据它们选择测试用例。例如,在以前的测试中曾经发现的错误、输入数据和输出数据为 0 的情况,以及输入表格为空或输入表格只有一行的情况等,这些都是容易发生错误的地方,可选择这些情况下的例子作为测试输入。

10.4 性 能 测 试

性能测试是对软件需求规格说明中的性能需求逐项进行的测试,以验证软件性能是否满足要求。软件的性能一般包括计算的精确性、响应时间以及运行程序占用资源情况等。

10.4.1　计算的精确性

被测软件中涉及数量、体积、重量、长度、单价、金额、比率等计算时,要注意以下几个方面:

(1) 计算结果是否按规定的单位显示,如金额是以万元计还是以元计。

(2) 计算结果是否精确到规定的位数,例如要求小数点后 3 位,是否计算结果为小数点后 3 位。

(3) 计算结果是否正确,最后 1 位是采用四舍五入获得,还是直接舍掉后面的值。

10.4.2　响应时间

从请求发出到结果返回所需要的时间,这个指标从用户的视角,表征系统响应速度是否满足要求。常见的情况如下:

1. 登录时间

(1) 输入正确的用户名、密码在指定时间内登录成功;

(2) 输入错误的用户名或者密码在指定时间内给出错误提示。

2. 查询时间

(1) 有符合查询条件的记录时的执行时间;

(2) 没有查询记录时的执行时间,没查到记录是否有提示;

(3) 查询指定数量记录时的执行时间。

3. 添加/修改/提交时间

(1) 添加/修改/提交一条记录的执行时间;

(2) 添加/修改/提交指定数量记录时的执行时间。

4. 删除时间

(1) 删除一条记录的执行时间;

(2) 删除指定数量记录时的执行时间。

5. 浏览时间

(1) 当指定窗口界面数据量较小时,打开界面的时间;

(2) 当指定窗口界面数据量很大时,打开界面的时间。

10.4.3　运行程序占用资源情况

1. CPU 占用情况

正常启动被测软件,通过 Windows 任务管理器观察并记录软件进程的 CPU 的占用率,如果 CPU 占用率始终维持在 80% 以上,则 CPU 占用率过高。

2. 内存占用情况

正常启动被测软件,通过 Windows 任务管理器观察并记录软件进程的内存占用量,退出程序后再通过 Windows 任务管理器观察并记录其占用的内存是否释放。

10.5   接 口 测 试

接口测试是对软件需求规格说明中的接口需求逐项进行的测试,以验证其是否满足要求。

10.5.1   子系统间的接口测试

(1)通过接口进行不同子系统之间的数据交换,检查输入输出数据是否完整和正确;

(2)数据穿过接口时是否会丢失;

(3)传输边界数据是否出现问题;

(4)传输异常数据是否得到识别和正确处理。

10.5.2   外部接口测试

1. 接口逻辑测试

接口逻辑测试主要测试的是正常逻辑,即对外提供的接口服务是能够工作的。主要是根据软件设计文档中所描述的业务逻辑,运用等价类划分和边界值两种方法测试在正常输入的情况下能得出正确的结果。

2. 异常数据测试

异常数据测试主要测试程序在异常情况的逻辑正确性。主要包括以下几个方面:

(1)空值输入,例如,当传入一个对象参数时,需进行 NULL 值的参数测试;

(2)参数属性的测试,如输入一个未赋值参数;

(3)异常的测试,制造一些异常的测试场景,测试异常的处理是否正确;

(4)参数个数,参数类型(如 int 型输入 String 型的参数)的异常数据测试等。

10.5.3   Web 接口测试

1. 服务器接口

测试浏览器与服务器之间的接口,分请求接口和返回接口。

（1）检查请求接口：测试员提交事务，然后查看服务器记录，并验证在浏览器上看到的正好是服务器上发生的。测试员还可以查询数据库，确认事务数据已正确保存。

（2）检查返回接口：测试员可以查看系统在提交后返回的信息是否正确。有的系统可能看不到返回的信息，可以到服务器上查看返回的信息是否符合接口要求。

2. 错误处理

（1）尝试在处理过程中中断事务，看看会发生什么情况，业务是否完成；

（2）尝试中断用户到服务器的网络连接，检查系统能否正确识别和处理；

（3）临时将网络带宽调整到很小，调整交易的服务器响应时间，检查系统能否正确处理。

10.6　人机交互界面测试

人机交互界面测试是对所有人机交互界面提供的操作和显示内容进行的测试，以检验是否满足用户的要求。

10.6.1　人机交互界面测试的一般要求

1. 人机交互界面与需求的一致性

（1）对照软件需求规格说明和待测软件，分析软件层次，画出软件窗体调用层次图；

（2）需求规格说明对人机交互界面有明确要求的，要逐条测试操作和显示界面及界面风格与需求的一致性和符合性。

2. 人机交互界面与用户手册或操作手册的一致性

对照用户手册或操作手册，逐条进行操作，并观察人机交互界面的反应是否与手册一致。

3. 对错误操作流程的检测与提示

对每个窗体，分析有一定时序关系的操作，并按照错误顺序操作，观察人机交互界面的反应，看其是否能够检测出来并给予适当的提示。例如，对数据库的操作正常是"打开—编辑—保存—关闭"，可以测试在未打开数据库的情况下，执行编辑、保存及关闭功能，看系统能否检测并给出提示。

4. 人机交互界面的健壮性

（1）对错误命令或非法输入的检测与提示是人机交互界面测试的重要组

成部分,在测试时,除了正常操作,还可以辅以非常规操作、误操作、快速操作、错误命令、非法数据输入来检验人机交互界面的健壮性。

(2) 本部分的测试可与人机交互界面元素测试结合起来进行。

10.6.2　人机交互界面元素测试

人机交互界面一般由窗体及其内部控件组成,对这部分的测试主要围绕窗体及窗体中的控件两个方面来进行。窗体一般由标题栏、菜单栏、工具栏、状态栏及内部控件组成,因此测试主要包括窗体本身的测试以及窗体中标题栏、菜单栏、工具栏、状态栏和内部控件的测试。

1. 窗体的测试

1) 易用性

(1) 带名称的控件名称应该简洁易懂,用词准确,避免使用模棱两可的字眼,要易于与同一界面上的其他控件区分,能望文知意最好。理想的情况是用户不用查阅帮助就能知道该界面的功能并进行相关的正确操作。

(2) 完成相同或相近功能的控件放在集中位置,用 Frame 框起来,以减少鼠标移动的距离,并要有功能说明或标题。

(3) 界面要支持键盘自动浏览有序控件(如按钮、文本框)功能,即按 Tab 键的自动切换功能。

(4) Tab 键的顺序与控件排列顺序要一致,一般采用从上到下、从左到右的方式。

(5) 界面上首先要输入的和重要信息的控件在 Tab 顺序中应当靠前,位置也应放在窗体上较醒目的位置。

(6) 同一界面上的控件数最好不要超过 10 个,多于 10 个时可以考虑使用分页界面显示。

(7) 分页界面要支持在页面间的快捷切换,常用的组合快捷键为 Ctrl + Tab。

2) 合理性

(1) 屏幕对角线相交的位置是用户直视的地方,正上方 1/4 处为易吸引用户注意力的位置,宜将常用和重要控件放置在这两个位置。

(2) 父窗体或主窗体的中心位置应该在屏幕对角线焦点附近。

(3) 子窗体位置应该在主窗体的左上角或正中。

(4) 多个子窗体弹出时应该依次向右下方偏移,以显示出窗体标题为宜。

3) 美观与协调性

(1) 界面大小应该适合美学观点,感觉协调舒适,能在有效的范围内吸引用户的注意力。

（2）长宽接近黄金点比例，切忌长宽比例失调。

（3）窗体内部控件布局要合理，要和其他控件协调一致，不宜过于密集，也不能过于空旷，要合理地利用空间。

（4）窗体内部控件字体的大小要与界面的大小比例协调，通常使用的字体中宋体 9 ~ 12 较为美观，很少使用超过 12 号的字体。

（5）前景与背景色搭配合理协调，反差不宜太大，最好少用深色，如大红、大绿等。常用色考虑使用 Windows 界面色调，如果使用其他颜色，主色调要柔和，具有亲和力与磁力，坚决杜绝刺目的颜色。

（6）界面风格要保持一致，字的大小、颜色、字体要相同，除非是需要艺术处理或有特殊要求的地方。

（7）对话框界面（如提示、警告等）一般不宜支持缩放，即右上角只有关闭功能。

（8）对显示器不同分辨率的适应性。通常情况下，计算机的显示分辨率包括 800 × 600、1024 × 768、1280 × 1024 等，分辨率调整了，界面也要随之调整。例如在分辨率为 1024 × 768 下开发的程序在分辨率为 800 × 600 时，会出现显示内容被裁切的情况。

4）适宜与健壮性

（1）窗体所有显示信息不能有错别字，字体半角/全角要一致，一般不允许中英文混合。

（2）对可能造成数据无法恢复的操作必须提供确认信息，给用户放弃选择的机会。

（3）非法的输入或操作应有足够的提示说明。

（4）对运行过程中出现错误的地方要有提示，让用户明白错误出处，避免形成无限期的等待。

（5）提示、警告或错误说明应该清楚、明了、恰当。

（6）快速或慢速移动窗体，背景及窗体本身刷新必须正确。

（7）对于固定大小的窗体，鼠标拖动不能缩放其大小。

（8）对于能用鼠标拖动缩放大小的窗体，放大或缩小窗体后其内容也应做相应调整。

（9）单击"最大化"按钮。窗体被最大化，内部控件大小或位置也应做相应调整，切忌只放大窗体而忽略控件的缩放。

（10）单击"还原"按钮。应还原到窗体最初默认的大小。

（11）单击"最小化"按钮。对于主窗体，应最小化到系统状态栏的左下角，并依次排列；对于窗体中的子窗体，应最小化到父窗体容器的左下角，并依次排列。

2. 标题栏的测试

（1）不同窗体的图标要易于分辨，包括父窗体、子窗体、提示信息窗体、警告信息窗体以及错误信息窗体的标题图标。

（2）各个标题的内容要简明扼要，且不能有错别字，包括父窗体、子窗体、提示信息窗体、警告信息窗体以及错误信息窗体的标题内容。

3. 菜单栏的测试

1）易用性

（1）菜单通常采用"常用—主要—次要—工具—帮助"的位置排列，符合流行的 Windows 风格。

（2）下拉菜单要根据菜单选项的含义进行分组，并且按照一定的规则进行排列，用横线隔开。

（3）一组菜单的使用有先后要求或有向导作用时，应该按先后次序排列。

（4）没有顺序要求的菜单项按使用频率和重要性排列，常用的放在开头，不常用的靠后放置；重要的放在开头，次要的放在后边。

（5）如果菜单选项较多，应该采用加长菜单的长度而减少深度的原则排列。

（6）菜单深度一般不超过三层。

（7）常用的菜单要有快捷键。

（8）每个菜单功能均应能够通过键盘命令激活。

（9）完成相同或相近功能的菜单用横线隔开放在相邻位置。

（10）菜单前的图标能直观的代表要完成的操作。

2）美观与协调性

（1）菜单前的图标不宜太大，与字高保持一致最好。

（2）主菜单的宽度要接近，字数不宜太多，应简单明了。

（3）主菜单数目不应太多，最好为单排布局。

（4）菜单字体要适宜，通常使用 5 号字体。

（5）检查菜单文字有无错别字，有无中英文混合使用。

3）适宜与健壮性

（1）对与操作无关的菜单要用屏蔽的方式加以处理，最好采用动态加载方式，即只有需要的菜单才显示。

（2）检查菜单功能的名字是否具有自解释性。

（3）检查光标指针是否随操作恰当地改变，如执行较为耗时的任务时，光标是否改变以给用户以提示。

（4）测试菜单快捷键或热键是否有效，是否有重复。

4）弹出式菜单

（1）弹出式菜单出现的位置是否适宜,是否便于操作。

（2）弹出式菜单的其他要求与菜单相同。

4. 工具栏的测试

1）易用性

（1）工具栏的每一个按钮要有即时提示信息。

（2）工具栏的图标要能直观地表达要完成的操作。

（3）相近功能的工具按钮放在一起。

2）美观与协调性

（1）工具栏中通常使用 5 号字体,工具栏一般比菜单栏略宽。

（2）工具栏的长度最长不能超过屏幕宽度。

（3）系统常用的工具栏设置默认放置位置。

（4）工具栏图标的大小、位置要适宜、美观。

（5）工具栏太多时可以考虑使用工具箱,工具箱要具有可增减性,由用户根据自己的需求定制,既要美观,又不影响主窗体的操作。

（6）工具箱的默认总宽度不要超过屏幕宽度的 1/5。

5. 状态栏的测试

1）易用性

（1）状态栏要显示用户切实需要的信息,如目前的操作、系统的状态、当前位置、时间、用户信息、提示信息、错误信息等。

（2）如果某一操作需要的时间比较长,还应该显示进度条和进程提示。

2）美观与协调性

（1）状态栏的高度以放置 5 号字为宜。

（2）状态栏位置一般在窗体下方。

6. 控件的测试

1）文本框

（1）输入数据的有效性验证。对于在文本框中输入的错误数据,程序一般有以下三种处理方式:

① 不允许输入,没有任何提示;

② 输入后立即给出提示要求重新输入;

③ 单击窗体中的“确定”“保存”或“提交”按钮以后,程序再检验数据的正确性,不正确就给出提示要求重新输入。

在设计文档中没有特别注明需采用哪种处理方式时,无论哪种方式,只要能正确验证数据就可以。

需要验证的内容包括：

① 输入数据的内容（如输入空格或与已存在内容相冲突的数据等）；

② 输入数据的长度（如只能输入 8 位，分别输入 7、8、9 位数据进行测试）；

③ 输入数据的类型（如只能输入数字，分别输入汉字、字母、特殊符号等）；

④ 输入数据的格式（如 yyyy/mm/dd）。

（2）程序检测到非法输入后应给出提示并能自动获得焦点。

（3）输出数据的有效性验证。

需要验证的内容包括：

① 显示内容是否正确。

② 内容太长，文本框不能完全显示时，是否有未完全显示的提示？如加"…"。

③ 显示内容格式是否正确。

（4）可编辑文本框与不可编辑文本框是否易于区分（一般将不可编辑文本框置灰）。

2）Up－down 文本框

（1）要能够直接输入或用上下箭头选择。

（2）边界值要正确。

（3）一般要有默认值。

（4）输入非法数据的验证（同文本框的验证方法）。

（5）若该控件不可用，是否有标识，且是否真的不可用。

3）组合列表框（下拉列表框）

（1）条目内容是否正确（根据需求说明书确定其内容）。

（2）条目功能是否实现（有些程序要求在获得条目内容的同时，获得该条目对应的编号，但是编号在窗体上不显示，此时就要在数据库中查看结果是否正确）。

（3）是否能输入数据（一般程序不允许输入数据）。

（4）若该控件不可用，是否有标识，且是否真的不可用。

4）列表框

（1）条目内容是否正确（根据需求说明书确定其内容）。

（2）条目功能是否实现。

（3）滚动条是否可以滚动（针对列表框内容较多时）。

（4）条目内容宽度超过列表框的宽度时，鼠标指针位于该条目时是否可以完整显示。

（5）是否允许多选（若允许，要分别检查按 Shift 选中、按 Ctrl 选中条目和直接用鼠标选中多项条目时的情况）。

（6）若该控件不可用，是否有标识，且是否真的不可用。

5）命令按钮

（1）常用按钮要支持快捷方式。

（2）默认按钮要支持 Enter 及选操作,即按 Enter 后自动执行默认按钮对应的操作。

（3）与正在进行的操作无关的按钮应该加以屏蔽(即没法使用该按钮,Windows 中用灰色显示)。

（4）按钮大小基本相近,忌用太长的名称,免得占用过多的界面空间。

（5）按钮的大小要与界面的大小和空间协调。

（6）避免空旷的界面上放置很大的按钮。

（7）对可能造成数据无法恢复的操作是否提供确认信息(如删除等操作)。

（8）对不符合业务要求的输入数据是否有相应的处理方法。

（9）对非法的输入或操作是否给出足够的提示说明,让用户明白错误出处。

（10）若该按钮不可用,是否有标识,且是否真的不可用。

6）单选按钮(单选框)

（1）同一组中,是否只能选中一个。

（2）各项功能是否能正确完成。

（3）是否有默认被选中的选项。

（4）可选和不可选项是否易于区分(一般将不可选项置灰)。

（5）不可选项是否不能被选中。

7）复选框

（1）要按选择概率的高低先后排列。

（2）要有默认选项,并支援 Tab 选择。

（3）是否可以同时全部选中。

（4）是否可以同时部分选中。

（5）是否可以都不选中。

（6）各种选中情况下功能的实现。

（7）可选和不可选项是否易于区分(一般将不可选项置灰)。

（8）不可选项是否不能被选中。

8）滚动条

（1）是否能被拖动。

（2）拖动滚动条时,屏幕的刷新情况(是否能及时刷新,是否有乱码)。

（3）拖动滚动条时,信息的显示情况。

（4）滚动条的上下按钮是否可用。

（5）滚动条的大小是否会根据显示信息的长、宽度及时变换。

（6）滚动条的位置是否能根据选中内容的位置及时移动。

（7）是否能用鼠标滚轮控制滚动条。

（8）滚动条的长度要根据显示信息的长度或宽度能及时变换，以利于用户了解显示信息的位置和百分比。

9）各种控件混合使用时的测试

（1）控件间的相互作用。

（2）Tab 键的顺序（一般是从上到下，从左到右）。

（3）热键的使用。

（4）Enter 键和 ESC 键的使用。

（5）控件组合后功能的实现。

7. 帮助设施

（1）系统应该提供详尽而可靠的帮助文档，在用户使用产生迷惑时可以自己寻求解决方法。

（2）打包新系统时，对做了修改的地方在帮助文档中要做相应的修改。

（3）操作时要提供及时调用系统帮助的功能，常用 F1 键。

（4）在界面上调用帮助时应该能够及时定位到与该操作相应的帮助位置，即帮助要有即时针对性。

（5）最好提供目前流行的联机帮助格式或 HTML 帮助格式。

（6）用户可以用关键词在帮助索引中搜索所要的帮助。

（7）如果没有提供书面的帮助文档，最好有打印帮助文档的功能。

（8）在帮助中应该提供技术支持方式，在用户难以自己解决时，可以方便地寻求新的帮助方式。

8. 快捷方式的组合

在菜单及按钮中使用快捷键可以让喜欢使用键盘的用户操作得更快一些，在西文 Windows 及其应用软件中快捷键的使用大多是一致的。

菜单中的常用组合如下：

（1）面向事务的组合有 Ctrl – D 删除、Ctrl – F 查找、Ctrl – H 替换、Ctrl – I 插入、Ctrl – N 新记录、Ctrl – S 保存、Ctrl – O 打开。

（2）列表，即 Ctrl – R、Ctrl – G 定位，Ctrl – Tab 下一分页窗口或反序浏览同一页面控件。

（3）编辑，即 Ctrl – A 全选、Ctrl – C 复制、Ctrl – V 粘贴、Ctrl – X 剪切、Ctrl – Z 撤消操作、Ctrl – Y 恢复操作。

（4）文件操作，即 Ctrl – P 打印、Ctrl – W 关闭。

（5）系统菜单，即 Alt – A 文件、Alt – E 编辑、Alt – T 工具、Alt – W 窗口、Alt – H 帮助。

（6）Windows 保留键有 Ctrl – Esc 任务列表、Ctrl – F4 关闭窗口、Alt – F4 结束应用、Alt – Tab 下一应用、Enter 缺省按钮/确认操作、Esc 取消按钮/取消操作、Shift – F1 上下文相关帮助。

按钮可以根据系统需要而调节,以下只是常用的组合:

Alt – Y 确定(是)、Alt – C 取消、Alt – N 否、Alt – D 删除、Alt – Q 退出、Alt – A 添加、Alt – E 编辑、Alt – B 浏览、Alt – R 读、Alt – W 写。

10.7　边界测试

边界测试是对软件处在边界或端点情况下运行状态的测试。软件在边界情况下是比较容易出现问题的,因此边界测试往往能够检测到一些软件缺陷。

10.7.1　边界值分析

有些输入域或输出域的边界比较容易确定,有些则不是很明显,需要进行分析和挖掘。下面列出一些常见的情况。

(1) 如果输入条件规定了值的范围,则应取刚达到这个范围的边界的值,以及刚刚超越这个范围边界的值作为测试输入数据。

例如,如果程序的需求规格说明中规定:"质量在 10 ~ 50kg 范围内的邮件,其邮费计算公式为……",则测试用例可取 10 及 50,还应取 10.01、49.99、9.99 及 50.01 等。

(2) 如果输入条件规定了值的个数,则用最大个数、最小个数、比最小个数少一、比最大个数多一的数作为测试数据。

例如,一个输入文件应包括 1 ~ 255 条记录,则测试用例可取 1 和 255,还应取 0 及 256 等。

(3) 将规则 1 和 2 应用于输出条件,即设计测试用例使输出值达到边界值及其左右的值。

例如,某程序的需求规格说明要求计算出"每月保险金扣除额为 0 ~ 1165.25 元",其测试用例可取 0.00 及 1165.24,还可取 – 0.01 及 1165.26 等。

再如,某情报检索系统,要求每次"最少显示 1 条、最多显示 4 条情报摘要",这时测试用例应包括 1 和 4,还应包括 0 和 5 等。

(4) 如果程序的需求规格说明给出的输入域或输出域是有序集合,则应选取集合的第一个元素和最后一个元素作为测试用例。

(5) 如果程序中使用了一个内部数据结构,则应当选择这个内部数据结构的边界上的值作为测试用例。

(6) 分析需求规格说明,找出其他可能的边界条件。

10.7.2　常见的边界值

掌握一些常见的边界值有助于顺利实施边界测试,当然,这些边界值并不全面,各种特殊情况还需要大家进一步挖掘。

(1)数据类型的上限和下限。例如,对 16bit 的整数而言,32767 和 −32768 是其边界。

(2)屏幕上光标在最左上、最右下位置。

(3)报表的第一行和最后一行。

(4)数组元素的第一个和最后一个。

(5)循环的第 0 次、第 1 次、倒数第 2 次和最后一次。

10.8　安装性测试

安装性测试是对安装和卸载过程是否符合规程的测试,以发现安装和卸载过程中的错误。

10.8.1　安装测试

安装测试一般检查软件的以下方面:

(1)《软件用户手册》中关于安装步骤的描述是否清晰,按照安装步骤是否能够完成安装全过程。

(2)软件安装后是否能够正常运行。

(3)软件安装各个选项的组合是否符合软件需求或设计说明。

(4)软件安装向导的提示信息是否足以引导安装过程。

(5)软件安装过程是否可以取消,点击取消后,写入的文件是否按需求或设计说明处理。如果软件需求或设计文档中没有取消安装的说明,一般执行取消操作后应删除已经安装的文件。

(6)软件安装过程中出现意外情况(如死机、重启、断电),重新启动后是否能正常安装。

(7)安装过程是否是可以回溯的(即是否可以点上一步重新选择)。

(8)软件安装过程中是否支持快捷键,快捷键的设置是否符合用户要求。

(9)对某些软件要考虑客户端的安装、服务器端的安装、数据库的安装及单机版和网络版的安装。

(10)安装后是否能产生正确的目录结构和文件,文件属性是否正确。

(11)安装后动态库是否正确。

(12)安装后没有生成多余的目录结构、文件、注册表信息、快捷方式等。

(13)至少要在一台笔记本电脑上进行安装/卸载测试,因为有很多产品在笔记本电脑中会出现问题,尤其是系统级的产品。

(14)安装后是否对其他的程序造成不正常影响(如操作系统、应用软件等)。

（15）正确安装后是否可以正确识别需要使用的硬件设备。

（16）在安装之前备份测试机的注册表,安装之后,查看注册表中是否有多余的垃圾信息。

10.8.2　卸载测试

软件的卸载不是简单的删除操作,而是涉及文件及系统配置的复杂操作,必须遵循一定的步骤,否则会导致卸载不彻底或无法再次安装。卸载测试主要考虑以下方面:

（1）《软件用户手册》中关于卸载步骤的描述是否清晰,按照卸载步骤是否能够完成卸载全过程。

（2）使用操作系统的添加删除程序能否完成卸载。

（3）使用自带的卸载程序能否完成卸载。

（4）卸载后文件是否全部删除,包括安装文件夹、注册表、系统环境变量。

（5）卸载过程中出现意外情况(如死机、断电、重启),重新启动后能否正常卸载。

（6）软件自带卸载程序的提示信息是否足以引导卸载过程。

（7）如果软件有调用系统文件,当卸载这些系统文件时,是否有相应的提示。

（8）卸载过程不得删除系统应该保留的用户数据。

10.9　静 态 分 析

静态分析是一种对代码的机械性的和程序化的特性分析方法,一般要进行控制流分析和数据流分析。

10.9.1　静态结构分析

通过静态结构分析,以图形的方式表现程序的内部结构并检查内部结构的合理性和正确性。

（1）函数调用关系图。以直观的图形方式描述一个程序中各个函数的调用和被调用关系。通过查看函数调用关系图,检查函数之间的调用关系是否符合要求,是否存在递归调用,函数的调用层次是否过深,有没有存在独立的没有被调用的函数等。

（2）文件包含和使用关系图。以直观图形方式描述一个程序中各文件的包含和使用关系。通过查看文件包含和使用关系图,检查文件间的包含使用关系是否合理,是否在不同目录下存在相同名称文件,是否存在循环包含,是否存在没有被包含和使用的文件等。

（3）函数控制流图。是与程序流程图相类似的由许多节点和连接节点的边组成的一种图形,其中一个节点代表一条语句或数条语句,边代表节点间控制流向,它显示了一个函数的内部逻辑结构。控制流图可以直观地反映出一个函数的内部逻辑结构,通过检查控制流图,能够发现软件的控制流缺陷。

（4）变量定义使用关系图。以图形方式表示程序中变量定义和使用之间的关联关系,在控制流图上,变量定义与其能到达的使用位置以有向边进行连接。变量定义使用关系图主要用于数据流分析,通过分析变量定义使用关系图,检查是否存在变量被定义但是从未使用,是否使用了没有被定义的变量,是否存在变量在使用之前被定义两次等缺陷。

10.9.2 静态质量度量

通过静态分析可以得出一些软件度量元的值,据此能够对软件质量进行评价。常见的可量化度量元包括注释率、模块中声明的变量、常量和类型等数据的数量、模块中定义的非静态全局函数的数量、模块中定义的非静态全局变量的数量、模块包含的模块数量、模块行数、模块中使用的不同操作数的数量、模块中可执行语句数、模块中声明的全局和局部变量数、路径数、层次数以及环形复杂度等。

静态质量度量通过人工方式难以完成,一般借助静态分析工具进行分析。

参 考 文 献

[1] 杜家兴,周泽云. 软件保障与硬件保障的区别[J]. 装甲兵工程学院学报,2007,21(6):29-32.

[2] 汪定国,陈育良,许爱强. 现代武器系统软件保障性初步探讨[C]//应用高新技术提高维修保障能力会议论文集. 北京:中国兵工学会,2005.

[3] Muthanna S,Knotogiannis K,Ponnambal K. A Maintainability Model for Industrial Software Systems Using Design Level Metrics[C]//The Seventh International Work Conference on Reverse Engineering,IEEE Computer Society,Washington,DC,USA. 2000,11.

[4] 刘彦斌,朱小冬,刘继民. 新型装备中的软件保障问题研究[J]. 计算机工程,2003,29(7):92-93.

[5] Cannon C J. Cost estmiation of post production software support in ground combat systems[D]. California:Naval Post graduate School,2007.

[6] 黄锡滋,陈光宇. 软件保障性发展综述[EB/OL]. [2012-12]. http://www. docin. com/touch/detail. do?id=567753536.

[7] 管孟忠,刘璧如. 应用 IDEF 于系统运维期之软体支援流程建模[C]. 资讯科技国际研讨会,2010.

[8] 黄昭熙,王平,张孔夏. 武器系统软体支援[J]. 软体工程通报,2000(146).

[9] 吴正信. 整体后勤作业手册[S]. 广州:中山科学研究院系统维护中心,1991.

[10] 黄昭熙. 软件维护指南 V1.0[S]. 广州:中山科学研究院软件工程与资讯中心,1992.

[11] 甘茂治. 软件保障和软件密集系统保障[C]. 郑州:中国造船工程学会修船技术学术委员会年会,2002.

[12] 朱小东,叶飞. 软件维护中的管理指南[R]. GF-A0067135G,2005.

[13] 朱小东,冯静. 软件密集型装备保障方案制订指南[R]. GF-A0067134G,2005.

[14] 朱小东,叶飞. 软件供应保障技术及方法研究[R]. GF-A0067131G,2003.

[15] 朱小东,刘彦斌. 基于 UML 的微观软件保障技术模型研究[R]. GF-A0067130G,2003.

[16] 朱小东,路晓波. 软件维护与保障中的主要概念[R]. GF-A0067644G,2006.

[17] 王海峰,卢兴华,玄克诚,等. 软件保障费用估算模型研究[J]. 军械工程学院学报,2009,21(6):54-57.

[18] 杜家兴. 军用软件保障性评价研究[D]. 北京:装甲兵工程学院,2006.

[19] 马善钊. 故障诊断技术及在某雷达上的应用[D]. 北京:国防科技大学,2005.

[20] Wright Randall R. Guidelines for Successful Acquisition and Management of Software-In-

tensive Systems［C］. INCOSE International Symposium. Volume 9. Brighton, England, 1999,6.

［21］ Department of the Air Force, USA. Software Support Life Cycle Process Evaluation Guide ［S］. AFOTEC Pamphlet 99 – 102　Volume 2,1994.

［22］ Department of Defense, USA. DOD – STD – 2167A, Defense System Software Development ［S］,1988.

［23］ 武器系统软件开发指南:GJB/Z 115—98［S］. 北京:中国人民解放军总装备部,1998.

［24］ 可靠性维修性保障性术语:GJB 451A—2005［S］. 北京:中国人民解放军总装备部,2005.

［25］ 军用软件开发通用要求:GJB 2786A—2009［S］. 北京:中国人民解放军总装备部,2009.

［26］ Mission – critical Computer Resources Software Support:MIL – HDBK – 347［S］. Department of Defense, USA,1990.

［27］ Integrated Logistic Support – Part 3:Guidance For Application of Software Support:DEF STAN 00 – 60［S］. UK DEFSTANs,1998.

［28］ 宋太亮. 装备保障性系统工程［M］. 北京:国防工业出版社,2008:243.

［29］ 徐宗昌,黄益嘉,杨宏伟,等. 装备保障性工程与管理［M］. 北京:国防工业出版社,2006:19.

［30］ Haapanen P,Helminen A. Failure Mode And Effects Analysis Of Software – Based Automation Systems［C］//Reliability and Maintainability,2004 Annual Symposium – RAMS.

［31］ Goddard P L. Software FMEA Techniques［C］//Proc. Ann. Reliability and Maintainability Symp. 2000:118 – 123.

［32］ 郭立夫. 决策理论与方法［M］. 北京:高等教育出版社,2006.

［33］ 赵克勤. 集对分析及其初步应用［M］. 杭州:浙江科学出版社,2000.

［34］ 徐泽水,达庆利. 区间数排序的可能度法及其应用［J］. 系统工程学报,2003,18(1):67 – 69.

［35］ 徐泽水. 模糊互补判断矩阵排序的一种算法［J］. 系统工程学报,2001,16(4):311 – 314.

［36］ 叶义成,柯丽华,黄德育. 系统综合评价技术［M］. 北京:冶金工业出版社,2006:35 – 37.

［37］ Zadeh L A. Fuzzy Sets as a basis for a Theory of Possibility［J］. Fuzzy Sets and System,1978 (1):3 – 28.

［38］ 黄静,杜家兴,杨学强,等. 基于多指标体系的软件保障性综合评价研究［J］. 装备指挥技术学院学报,2009,20(6):33 – 37.

［39］ 阎晋屯. 海军武器装备计算机软件保障问题研究［C］//第三届全军武器装备综合保障研讨会论文集. 北京:北京装甲兵工程学院,2000.

［40］ Brad R. The Impact of Software Support on System Total Ownership Cost［R］. NPS – AM – 04 – 007,2004.

［41］ 李明树,何梅,杨达,等. 软件成本估算方法及应用［J］. 软件学报,2007,18(4)

775 - 795.

[42] Boehm B,Clark B,Horowitz E,et al. Cost models for future software life cycle processes：COCOMO 2. 0[J]. Annals of Software Engineering,1995,1：57 - 94.

[43] Boehm B. Software Cost Estimation with COCOMO2. 0[M]. London：Prentice - Hall,2000.

[44] 于慧媛,杨光,王艳军. 关于软件装备保障的几点建议[J]. 北华航天工业学院学报,2010,20(3)：27 - 29.

[45] 詹国强,夏立. 舰船装备控制软件维护几个问题的探讨[C]//中国造船工程学会电子修理学组第四届年会暨信息装备保障研讨会论文集. 北京：中国造船工程学会,2005.

[46] 宋华文,耿华芳. 软件密集型装备综合保障[M]. 北京：国防工业出版社,2011：36.

[47] 申烨晔. 基于构造性成本模型软件成本估算方法的研究与应用[D]. 湖南：湖南大学,2009.

[48] Boehm B,Bradford K,Clark B. An Overview of the COCOMO2. 0 Software Cost Model [C]//Software Technology Conference. Los Angeles：University of Southern California,1995.

[49] Briand L C,W Iecaoreki. Resource estimation in software engineering[M]. New York：John Wiley & Sons. 2002：1160 - 1196.

[50] 宫云战,赵瑞莲,张威,等. 软件测试教程[M]. 北京：机械工业出版社,2008.

[51] Tom Mitchell. 机器学习[M]. 曾华军,张银奎,等译. 北京：机械工业出版社,2003.

[52] Scholkopf B,Smola A,Williamson R. Shrinking the Tube：a New Support Vector Regression Algorithm. Advances in Neural Information Processing Systems,Cambridge, MA. MIT Press,Vol. 11：330 - 336,1999.

[53] Chang C,Lin C. Training v - Support Vector Regression：Theory and Algorithms. Neural Computation,14(8)：1959 - 1977,2002.

[54] 单志伟,等. 装备综合保障工程[M]. 北京：国防工业出版社,2007.

[55] Jiang Y,Li M,Zhou Z H. Software Defect Detection with Rocus[J]. Journal of Computer Science & Technology,2011,26(2)：328 - 342.

[56] Okutan A,Y1ld1z O T. Software defect prediction using Bayesian networks[J]. Empirical Software Engineering,2014,19(1)：154 - 181.

[57] 姜慧研,宗茂,刘相莹. 基于 ACO - SVM 的软件缺陷预测模型的研究[J]. 计算机学报,2011,34(6)：1148 - 1154.

[58] Mrinal Singh Rawat,Sanjay Kumar Dubey. Software Defect Prediction Models for Quality Improvement：A Literature Study[J]. International Journal of Computer Science Issues,2012,9(2)：288 - 296.